Sweet & Savory Biscotti

Akiko Hara

愛上比斯考提

原 亞樹子

前言

「比斯考提（biscotti）」這個名稱是由bis（2次）和cotto（烘烤）組成，意即經過兩次烘烤至乾硬的餅乾。如今在其故鄉義大利泛指所有的餅乾類，但在美國則如字義解釋，指的是將烤過一次的麵團切開後續烤，在義大利稱為「杏仁厚餅（cantucci）」、「普拉托餅乾（biscotti di Prato）」等質地略粗、口感硬的烘焙點心。

初次遇見比斯考提是在赴美留學的高中時期，雜貨店櫃台旁的瓶子裡裝著大片沾裹巧克力的大茴香比斯考提，當時我幾乎每個星期都會去買，當作深夜讀書時的小小樂趣。

後來陸續在咖啡店和朋友家品嚐到各式各樣美味的比斯考提，深深擄獲我的心。日後造訪其故鄉義大利托斯卡尼，更有了意外的發現——原來正宗的比斯考提在當地稱作「杏仁厚餅」，比起在美國吃到的更硬且甜，當地人建議搭配甜點酒一起吃，完全顛覆我以往的認知。在美國，通常不會把比斯考提沾飲品吃，所以一般人喜愛好入口的硬度，我這才明白自己一直以來吃的其實是美式的比斯考提。

相傳比斯考提由義大利移民帶入北美，並在20世紀後半隨著西雅圖咖啡廳的風潮，成為廣受歡迎的點心。美式比斯考提的口味種類豐富，像是加了南瓜或胡蘿蔔、沾裹巧克力，甚至是鹹口味等。

此次以比斯考提為主題設計食譜，對我而言像是完成了一項有趣的挑戰。書中介紹的美式比斯考提也加入了我的自創配方，期盼各位能盡情享用比斯考提的美妙滋味。

原 亞樹子

關於
本書的點心

介紹無油／無蛋／無麵粉
的食譜。

本書的比斯考提分為無油的義式作法、加植物油的
美式作法,以及用優格或水果泥增加麵團黏性的無
蛋作法。另外,在美國需求高的無麵粉(無麩質)
麵團則是用了米粉或杏仁粉。香脆的口感又是另一
番魅力。

只要用1個調理盆混拌,
相當簡單。

製作比斯考提的麵團,基本上只要將蛋和粉類、砂
糖或堅果通通倒入1個調理盆拌一拌即可。先把蛋用
打蛋器攪散,再加入粉類等其他材料,用刮板快速
切拌。蛋不必打發,混拌麵團的方式也很簡單,因
此即便是初次嘗試做點心的人,一樣能輕鬆完成。

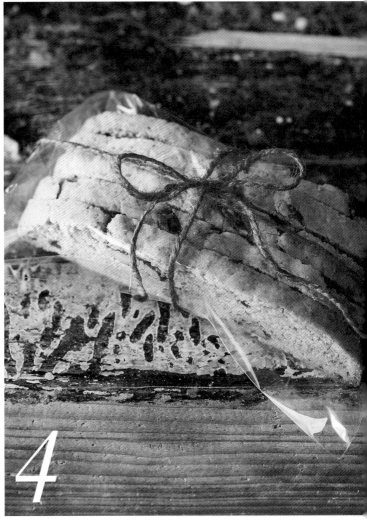

3

分為甜口味與
鹹口味。

在美國，除了點心類的甜口味比斯考提，鹹口味比
斯考提也很受歡迎。加了起司或黑胡椒、培根或洋
蔥等配料，像在吃蘇打餅乾或米果也是其魅力。沾
抹醬吃，味道更濃郁，當作前菜或輕食、下酒菜也
很棒。

4

耐存放，
適合當作禮品。

充分烤乾的比斯考提放進乾淨的容器密封保存，即使
置於常溫下也能存放1週，很適合當作禮品。比斯考
提通常硬度紮實、不易碎裂，稍微包裝即可，相當省
事。如果不小心受潮，放進預熱至150℃的烤箱烤約8
分鐘，或是放進冰箱冷凍就會恢復脆硬的口感。

Contents

【關於本書的注意事項】

◎ 1 大匙＝ 15ml、1 小匙＝ 5ml。

◎蛋是使用淨重 50g 的中型蛋。

◎「1 小撮」是用拇指、食指、中指輕輕捏抓的分量。

◎烤箱請先預熱至設定的溫度。烘烤時間依熱源或機種會有些許差異。請參考食譜的時間，視情況增減。

◎微波加熱的時間是以 600W 為基準。若是 500W，時間請調整為 1.2 倍。有時依機種會有些許差異。

Sweet Biscotti
甜口味比斯考提

Savory Biscotti
鹹口味比斯考提

Sweet Biscotti

甜口味比斯考提

BASIC

1 基本款 無油比斯考提 （杏仁厚餅）

雖然美式比斯考提變化豐富，基本上還是以源自義大利普拉托、經過二次烘烤的「杏仁厚餅」為基礎。不使用油脂，只加蛋的麵團是傳統作法，也是這本食譜中最基本的一款配方。

【材料】8cm×20 片

A｜低筋麵粉…120g
　｜小蘇打粉…1/4 小匙
　細砂糖…60g
　蛋…1 顆
　杏仁果…70g

【事前準備】
• 杏仁用平底鍋小火乾炒。
• 蛋退冰至室溫。
• 烤盤鋪入烤盤布（15×30cm）。
• 烤箱預熱至 170℃。

小蘇打粉（baking soda），
被當作速成麵包、蒸點的膨
脹劑，用於比斯考提會形成
單純的口感與風味。也可使
用分量加倍的泡打粉代替，
但口感會稍有不同。

1 ｜ 打蛋

將蛋打入調理盆，用
打蛋器攪散。

＊不需要打發。

2 ｜ 加入粉類與杏仁

將 A 倒入粉篩混合過
篩後，加入砂糖。

＊小蘇打粉結塊會造成烤色
不均或產生苦味，請留意。

用刮板以切拌的方式
混合。

＊用刮板刮起周圍的粉，快
速切拌。

拌至殘留些許粉粒的
狀態，加入杏仁，用
刮板壓拌。

＊留意不要弄碎杏仁。

揉整成團後，用手將
杏仁壓入麵團，塑整
成20cm長的條狀。

＊搓揉麵團會讓比斯考提烤
好後變硬，請留意。

3 ｜ 烘烤

麵團移入烤盤，手沾
少許水，將麵團塑整
成8×20cm（1.5cm
厚）的平行四邊形，
用手指壓平表面。放
進烤箱以170℃烤約25
分鐘，移至冷卻架上
放涼。

4 ｜ 切片，再烤一次

大致放涼後，斜切成
1cm寬。

＊在高溫或過度冷卻的狀態
下都不好切。切片要訣是用
麵包刀前後來回鋸切。

切面朝上，排入烤盤，
放進預熱至150℃的烤
箱烤約20分鐘。烤乾
表面後，連同烤盤一
起放涼。

＊烤 10 分鐘翻面，使兩面
均勻烤透。
＊可冷凍保存，不需解凍就
能食用。

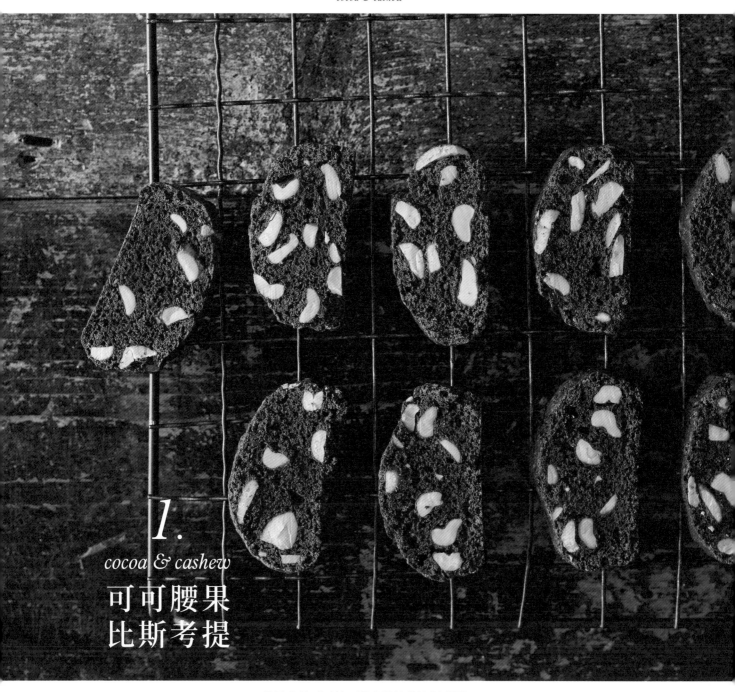

1.
cocoa & cashew
可可腰果
比斯考提

使用大量可可粉，滋味微苦的比斯考提。
加蛋的同時，加1大匙蘭姆酒或白蘭地，
風味更佳，口感也會很酥脆。
除了腰果，搭配榛果也對味。

作法請參閱第16頁 →

2.

lemon & anise

檸檬大茴香
比斯考提

在美國最受歡迎的比斯考提，
是大茴香果實或茴香酒製成的經典口味。
不少人認為比斯考提就是要有那股甜甜的香氣，
可見其受歡迎的程度之高。

作法請參閱第17頁 →

3.

raisin & walnut

葡萄乾核桃
比斯考提

4.

whole wheat & chocolate

巧克力全麥
比斯考提

加了果乾的比斯考提，
口感微軟，風味豐富。
葡萄乾要盡量切得細碎，
讓風味融入麵團，也不易烤焦。

作法請參閱第18頁 →

做這款比斯考提時，就像把小時候最愛的巧克力
塗抹在全麥餅乾上。
加入大量香甜堅果和微苦巧克力的麵團，
烤好後酥脆可口。

作法請參閱第18頁 →

5.
coffee
咖啡
比斯考提

比斯考提以咖啡或酒沾著吃非常對味，
直接加進麵團也很搭。比起即溶咖啡，
使用研磨咖啡烤出來的香氣會更棒。
也可用白蘭地或波本威士忌取代蘭姆酒。

作法請參閱第19頁 →

6.

chai & dried fig

印度奶茶無花果
比斯考提

為了搭配濃郁的奶茶一起享用，
自創了這款充滿茶葉與辛香料香氣的異國風口味。
茶葉建議使用伯爵紅茶，就算經過兩次烘烤，
香氣依然不減。

作法請參閱第20頁 →

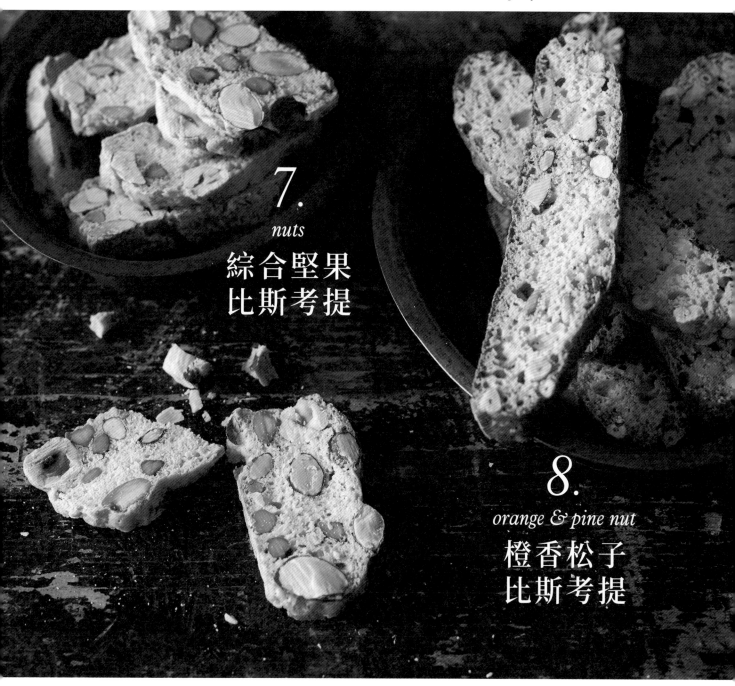

7.

nuts

綜合堅果
比斯考提

8.

orange & pine nut

橙香松子
比斯考提

只加蛋白的麵團，
烤出來的口感相當紮實。
加入滿滿的堅果，切成薄片，
烤好後酥香脆硬。

作法請參閱第21頁 →

只用蛋黃做成的比斯考提，
口感醇香酥鬆。加入柳橙汁及松子，
讓溫和的風味更添魅力。
為提升輕盈口感，也加了少許玉米粉。

作法請參閱第21頁 →

cocoa & cashew

1.
可可腰果比斯考提

【材料】6cm×30 片

A｜低筋麵粉…90g
　｜可可粉…20g
　｜小蘇打粉…1/4 小匙
細砂糖…60g
蛋…1 顆
腰果…60g

【事前準備】
• 腰果用平底鍋小火乾炒，對半縱切。
• 蛋退冰至室溫。
• 烤盤鋪入烤盤布。
• 烤箱預熱至 170℃。

1 將蛋打入調理盆，用打蛋器攪散。

2 加入混合過篩的 A、砂糖，用刮板切拌。拌至殘留些許粉粒的狀態，加入腰果混拌，揉整成團。

3 麵團移入烤盤，手沾少許水，將麵團塑整成 6×30cm（2cm厚）的長橢圓狀（請參閱P47），放進烤箱以170℃烤約25分鐘。

4 大致放涼後，切成1cm寬。切面朝上，排入烤盤，放進預熱至150℃的烤箱烤約15～20分鐘。烤好後連同烤盤一起放涼。

memo --
• 建議在蛋裡加少許香草油或 1 大匙蘭姆酒，風味會變得更好。

腰果用平底鍋小火乾炒後，甜味與香氣更加提升。也可用預熱至 160℃的烤箱烤 10 分鐘。（富澤商店）⇒購買資訊請參閱第 88 頁

將香草籽浸泡在植物油裡製成的香草油，可以加在比斯考提和蛋糕等烘焙甜點中提香。香草的香氣能同時提升風味和甜味。

2.
檸檬大茴香比斯考提

【材料】12cm×18 片

A│低筋麵粉…120g
　│小蘇打粉…1/4 小匙

細砂糖…60g

蛋…1 顆

B│磨碎的檸檬皮（請選用大顆的
　│　無蠟檸檬）…1 顆檸檬的量
　│大茴香籽…1/2 小匙
　│杏仁果…60g

【事前準備】
• 杏仁用平底鍋小火乾炒，大略
  切碎。
• 蛋退冰至室溫。
• 烤盤鋪入烤盤布。
• 烤箱預熱至 170℃。

1　將蛋打入調理盆，用打蛋器攪散。

2　加入混合過篩的 A、砂糖，用刮板切拌。拌至殘留些
　　許粉粒的狀態，加入 B 混拌，揉整成團。

3　麵團移入烤盤，手沾少許水，將麵團塑整成12×15cm
　　（1.5cm厚）的平行四邊形，放進烤箱以170℃烤約25
　　分鐘。

4　大致放涼後，斜切成8mm寬。切面朝上，排入烤盤，
　　放進預熱至150℃的烤箱烤約15～20分鐘。烤好後連同
　　烤盤一起放涼。

memo ----------------------------------
• 建議在蛋裡加少許杏仁油或 1 大匙杏仁香甜酒，風味會變得更好。

具有獨特甜香的大茴
香籽是美式比斯考提
的代表風味。形似籽
的果實，通常會磨成
粉末使用，或製成香
甜酒。

用烘烤過的杏仁做成的杏仁
油，散發堅果的芳香。只要
在口味簡單的比斯考提中加
數滴，香味就會變得很有層
次。（富澤商店）⇒ 購買資
訊請參閱第 88 頁

以杏桃籽為原料，帶著杏仁香
的杏仁香甜酒「Amaretto」。
加進比斯考提的麵團，能提
升風味與香氣。也是頗受歡
迎的調酒材料。

raisin & walnut

3.

葡萄乾核桃比斯考提

【材料】12cm×18 片

A | 全麥低筋麵粉…60g
　| 低筋麵粉…50g
　| 肉桂粉…1 小匙
　| 小蘇打粉…1/4 小匙

二砂…45g

蛋…1 顆

B | 葡萄乾…35g
　| 核桃…35g

【事前準備】

• 核桃用平底鍋小火乾炒，和葡萄乾一起切碎
　（也可用食物調理機攪碎）。
• 蛋退冰至室溫。
• 烤盤鋪入烤盤布。
• 烤箱預熱至 170℃。

1 將蛋打入調理盆，用打蛋器攪散。
2 加入混合過篩的 A、砂糖，用刮板切拌。拌至無粉
　粒的狀態，加入 B 切拌，揉整成團。
3 麵團移入烤盤，手沾少許水，將麵團塑整成
　12×15cm（1.5cm 厚）的平行四邊形，放進烤箱
　以 170℃烤約 25 分鐘。
4 大致放涼後，斜切成 8mm 寬。切面朝上，排入烤
　盤，放進預熱至 150℃的烤箱烤約 15 ～ 20 分鐘。
　烤好後連同烤盤一起放涼。

---

whole wheat & chocolate

4.

巧克力全麥比斯考提

【材料】6cm×30 片

A | 全麥低筋麵粉…60g
　| 低筋麵粉…50g
　| 小蘇打粉…1/4 小匙

二砂…45g

蛋…1 顆

B | 板狀苦甜巧克力…40g
　| 榛果或核桃…40g
　| 杏仁果…30g

【事前準備】

• 榛果和杏仁用平底鍋小火乾炒。
• 蛋退冰至室溫。
• 巧克力用手掰成 1.5cm 塊狀。
• 烤盤鋪入烤盤布。
• 烤箱預熱至 170℃。

混入麵團的巧克力是板狀巧克力。為避免味道太甜，選擇甜度低的苦甜巧克力，掰成略大的塊狀使用。

1 將蛋打入調理盆，用打蛋器攪散。
2 加入混合過篩的 A、砂糖，用刮板
　切拌。拌至殘留些許粉粒的狀態，
　加入 B 混拌，揉整成團。
3 麵團移入烤盤，手沾少許水，將麵
　團塑整成 6×30cm（2cm 厚）的長
　橢圓狀，放進烤箱以 170℃烤約 25
　分鐘。
4 大致放涼後，切成 1cm 寬。切面朝
　上，排入烤盤，放進預熱至 150℃
　的烤箱烤約 15 ～ 20 分鐘。烤好後
　連同烤盤一起放涼。

榛果是榛樹的果實，用於搭配巧克力或製作餅乾、派類。若是用烤過的榛果就不需要乾炒。（富澤商店）
⇒ 購買資訊請參閱第 88 頁

5.

咖啡比斯考提

【材料】12cm×25 片

A｜低筋麵粉⋯110g
　｜小蘇打粉⋯1/4 小匙

二砂⋯60g

B｜蛋⋯1 顆
　｜蘭姆酒⋯1 大匙

咖啡豆（磨成粉）⋯5 小匙（8g）

夏威夷豆或核桃、杏仁⋯50g

【事前準備】

• 夏威夷豆用平底鍋小火乾炒，
　縱切成 4 等分。
• 蛋退冰至室溫。
• 烤盤鋪入烤盤布。
• 烤箱預熱至 170℃。

1 將 B 倒入調理盆，用打蛋器攪散。

2 加入混合過篩的 A、砂糖、咖啡粉，用刮板切拌。拌至殘留些許粉粒的狀態，加入夏威夷豆混拌，揉整成團。

3 麵團用刮板移入烤盤，手沾少許水，將麵團塑整成 12×15cm（1.5cm 厚）的平行四邊形，放進烤箱以 170℃烤約 25 分鐘。

4 大致放涼後，斜切成 6mm 寬。切面朝上，排入烤盤，放進預熱至 150℃的烤箱烤約 15 ～ 20 分鐘。烤好後連同烤盤一起放涼。

將咖啡豆細度研磨成粉，這麼一來即使烤兩次，仍能保有咖啡的濃郁醇香。

口感紮實、風味濃厚的夏威夷豆，和巧克力或咖啡都非常搭。相較於其他堅果更易碎，請小心切。（富澤商店）⇒購買資訊請參閱第 88 頁

添加蘭姆酒的麵團較濕軟，請用刮板輔助移入烤盤。加了酒的麵團，烤好後口感更酥脆。

6.
印度奶茶無花果比斯考提

【材料】12cm×18 片

A｜ 低筋麵粉…110g
　　肉桂粉…1 小匙
　　小豆蔻粉…1/2 小匙
　　薑粉…1/4 小匙
　　小蘇打粉…1/4 小匙
二砂…50g
蛋…1 顆
紅茶茶葉（伯爵茶茶包）
　　…3 個（6g）
B｜ 半乾無花果乾…40g
　　核桃…40g

【事前準備】
• 核桃用平底鍋小火乾炒，和無花果一起切碎（也可用食物調理機攪碎）。
• 蛋退冰至室溫。
• 烤盤鋪入烤盤布。
• 烤箱預熱至 170℃。

1　將蛋打入調理盆，用打蛋器攪散。
2　加入混合過篩的 A、砂糖、紅茶茶葉，用刮板切拌。拌至無粉粒的狀態，加入 B 切拌，揉整成團。
3　麵團移入烤盤，手沾少許水，將麵團塑整成 12×15cm（1.8cm 厚）的平行四邊形，放進烤箱以 170℃烤約 25 分鐘。
4　大致放涼後，斜切成 8mm 寬。切面朝上，排入烤盤，放進預熱至 150℃的烤箱烤約 15～20 分鐘。烤好後連同烤盤一起放涼。

肉桂粉、小豆蔻粉、薑粉是印度奶茶常用的 3 種香料，搭配果乾也很對味。加進麵團中，注入異國風味。

本書是用紅茶茶包的細碎茶葉。如果茶葉不夠細碎，請用磨缽磨碎後再加進麵團。建議使用香味濃郁的伯爵茶。

揉麵時一部分的水份來自切碎的無花果乾。因此不用全乾的無花果乾，而是選用具濕潤感的半乾無花果乾。

nuts

7.

綜合堅果比斯考提

【材料】6cm×36 片

A 低筋麵粉…80g
  泡打粉…1/4 小匙

細砂糖…40g

蛋白…1 顆的量

B 杏仁果…50g
  榛果或核桃…40g
  開心果…20g

【事前準備】
• 杏仁和榛果用平底鍋小火乾炒。
• 蛋白退冰至室溫。
• 烤盤鋪入烤盤布。
• 烤箱預熱至 170℃。

1 蛋白打入調理盆，用打蛋器攪散。
2 加入混合過篩的的A、砂糖，用刮板切拌。拌至殘留些許粉粒的狀態，加入B混拌，揉整成團。
3 麵團移入烤盤，手沾少許水，將麵團塑整成 6×22cm（2cm 厚）的長橢圓狀，為避免過度膨脹，中央稍微壓凹，放進烤箱以 170℃烤約 25 分鐘。
4 大致放涼後，切成 6mm 寬。切面朝上，排入烤盤，放進預熱至 150℃的烤箱烤約 15 分鐘。烤好後連同烤盤一起放涼。

鮮綠吸睛的開心果，為保持漂亮色澤，不乾炒直接使用。也可打成糊狀製作慕斯或冰淇淋。「去皮生開心果」（富澤商店）⇒ 購買資訊請參閱第 88 頁

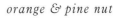

orange & pine nut

8.

橙香松子比斯考提

【材料】10cm×12 片

A 低筋麵粉…60g   松子…30g
  玉米粉…20g   杏仁果…20g
  泡打粉…1/4 小匙   ＊也可使用 100%果汁。

細砂糖…40g

B 蛋黃…1 顆
  柳橙汁…2 大匙＊

【事前準備】
• 松子和杏仁用平底鍋小火乾炒，杏仁大略切碎。
• 蛋黃退冰至室溫。
• 烤盤鋪入烤盤布。
• 烤箱預熱至 170℃。

柳橙汁和堅果很對味。加砂糖的同時，放 2 小匙磨碎的橙皮（無蠟柳橙），風味會更好。

1 將B倒入調理盆，用打蛋器拌勻。
2 加入混合過篩的A、砂糖，用刮板切拌。拌至殘留些許粉粒的狀態，加入堅果類混拌，揉整成團。
3 麵團移入烤盤，手沾少許水，將麵團塑整成 10×12cm（1.5cm 厚）的平行四邊形，放進烤箱以 170℃烤約 25 分鐘。
4 大致放涼後，斜切成 1cm 寬。切面朝上，排入烤盤，放進預熱至 150℃的烤箱烤約 20 分鐘。烤好後連同烤盤一起放涼。

松子和杏仁一樣是比斯考提常見的材料。因為具暖身效果，也作為中藥材使用。「生松子」（富澤商店）⇒ 購買資訊請參閱第 88 頁

基本款
植物油比斯考提
（伯爵茶）

麵團加了少量的植物油，吃起來更加順口。
添加粉類 1/4 量的植物油，
就能做出輕盈酥脆的口感，
但可依個人喜好，將油量減少 1 小匙。
加入大量香氣濃郁的伯爵茶茶葉，
烤好後滿室芳香。

【材料】12cm×18 片

A | 低筋麵粉…120g
　| 小蘇打粉…1/4 小匙
　細砂糖…60g
B | 蛋…1 顆
　| 植物油…30g *
　紅茶茶葉（伯爵茶茶包）…3 個（6g）
　杏仁果…60g

＊也可使用煮融的無鹽奶油。

【事前準備】
• 杏仁用平底鍋小火乾炒，大略切碎。
• 蛋退冰至室溫。
• 烤盤鋪入烤盤布（15×30cm）。
• 烤箱預熱至 170℃。

1 | 蛋和油混合

將 B 倒入調理盆，用打蛋器拌勻。

＊不需要打發。

2 | 加入粉類與杏仁

A 倒入粉篩，混合過篩後，加入砂糖和紅茶茶葉。

＊小蘇打粉結塊會造成烤色不均或產生苦味，請留意。

用刮板切拌混合。

＊用刮板刮起周圍的粉，以切拌方式大略拌一下。

拌至殘留些許粉粒的狀態，加入杏仁，用刮板壓拌。

＊留意不要弄碎杏仁。

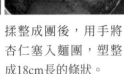

揉整成團後，用手將杏仁塞入麵團，塑整成18cm長的條狀。

＊塑整時間太久，麵團會變黏，請留意。
＊麵團變黏時，可在手上沾少許水。

3 | 烘烤

麵團移入烤盤，手沾少許水，將麵團塑整成12×18cm（1.5cm厚）的平行四邊形，用手指壓平表面。放進烤箱以170℃烤約25分鐘，移至冷卻架上放涼。

4 | 切片，再烤一次

大致放涼後，斜切成1cm寬。

＊在高溫或過度冷卻的狀態下都不好切。切片要訣是用麵包刀前後來回鋸切。

切面朝上，排入烤盤，放進預熱至150℃的烤箱烤約15～20分鐘。烤乾表面後，連同烤盤一起放涼。

＊烤 10 分鐘翻面，使兩面均勻烤透。
＊可冷凍保存，不需解凍就能食用。

1.

peanut butter

花生醬
比斯考提

19世紀末以健康食品為賣點普及開來的花生醬，
現在已是美國人餐桌上不可或缺的存在。
大量加進麵團裡，
香醇十足、細緻化口令人欲罷不能。

作法請參閱第30頁 →

2.

肉桂卷
比斯考提

將肉桂糖捲入麵團,當成在做肉桂卷,
切開後出現漩渦花紋的比斯考提。
多層次的麵團,相較於其他比斯考提
口感更加酥鬆。

作法請參閱第31頁 →

3.

carrot cake

胡蘿蔔蛋糕
比斯考提

以美國首任總統喬治‧華盛頓也吃過的
胡蘿蔔蛋糕為構想的比斯考提。
搭配奶油起司一起吃，風味更佳。
肉桂與丁香的辛辣甜香是提味關鍵。

作法請參閱第32頁 →

4.

coconut

椰子
比斯考提

5.

Oreo cookie

奧利奧
比斯考提

椰子粉的用量比麵粉還多，喜愛椰子的人
肯定愛不釋口。這款比斯考提令人想起
美國的懷舊點心「椰絲蛋白餅」。
不過，椰子粉容易烤焦，烘烤過程中請多留意。

將剩下的餅乾或比斯考提拌入麵團，成為有趣的口感。
本書使用的是納貝斯克（Nabisco）的「奧利奧」（Oreo）。
為保留100年以上在美國及海外廣受喜愛的口味，
夾心的奶油餡也一併加入。

作法請參閱第33頁 →

作法請參閱第33頁 →

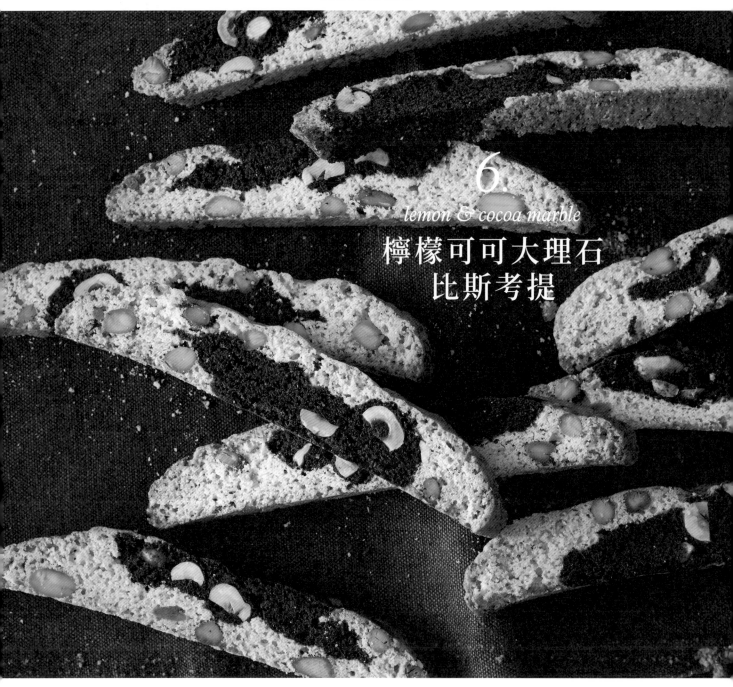

6.

lemon & cocoa marble

檸檬可可大理石
比斯考提

把檸檬麵團和可可麵團扭轉交疊，
切開後形成有趣的花紋。
檸檬麵團加了開心果，可可麵團加了榛果。
無論分開吃或一起吃都是美味的組合。

作法請參閱第34頁 →

7.

dried cranberry & pistachio

蔓越莓開心果
比斯考提

紅、白、綠的聖誕色比斯考提，
很適合當作禮物送人。
與其將白巧克力拌入麵團烘烤，
烤好後再沾裹，更能突顯其存在感。

作法請參閱第35頁 →

1.

花生醬比斯考提

【材料】12cm×18 片

A｜ 低筋麵粉…80g
｜ 肉桂粉…1/3 小匙
｜ 泡打粉…1/4 小匙
二砂或紅糖…40g
B｜ 蛋…1 顆
｜ 無糖柔滑（無顆粒）花生醬…70g *
｜ 植物油…1 小匙
松子…30g

＊若使用「吉比花生醬」（Skippy），二砂請減
至 30g。

【事前準備】

• 松子用平底鍋小火乾炒。
• 蛋退冰至室溫。
• 烤盤鋪入烤盤布。
• 烤箱預熱至 170℃。

1 將 B 倒入調理盆，用打蛋器拌勻。

2 加入混合過篩的 A、砂糖，用刮板切拌。拌至殘留些許粉粒的狀態，加入松子混拌，揉整成團。

＊如果無法成團，請酌量加數滴水。

3 麵團移入烤盤，手沾少許水，將麵團塑整成 12×15cm（1.5cm厚）的平行四邊形，放進烤箱以170℃烤約25分鐘。

4 大致放涼後，斜切成8mm寬。切面朝上，排入烤盤，放進預熱至150℃的烤箱烤約15～20分鐘。烤好後連同烤盤一起放涼。

memo --
• 花生醬若出現油醬分離，請拌勻再加進麵團。
• 建議使用香氣清淡的太白胡麻油或花生油。

花生醬的餅乾和三明治可說是美國的庶民美食。本書是用無糖的柔滑（無顆粒）花生醬。若使用低糖的「吉比花生醬」，砂糖請減量為 10g。

2.
肉桂卷比斯考提

【材料】10cm×18 片

A｜低筋麵粉…120g
　｜小蘇打粉…1/4 小匙

細砂糖…40g

無鹽奶油…35g

蛋…1 顆

〖肉桂糖〗
　肉桂粉…2 小匙
　細砂糖…4 小匙

【事前準備】

• 奶油切成 1cm 塊狀，和蛋一起放進冰箱冷藏備用。
• 拌合肉桂糖的材料。
• 烤盤鋪入烤盤布。
• 烤箱預熱至 170℃。

1 將混合過篩的 A、奶油倒入調理盆，用刮板切拌。拌至奶油變成細小顆粒後，用雙手搓拌成細沙狀〔ⓐ〕。依序加入砂糖、蛋液，用刮板切拌，揉整成團。

　＊如果麵團太軟，用保鮮膜包好，放進冰箱冷藏 30 分鐘～ 1 小時。

2 鋪一張保鮮膜，撒少許肉桂糖、擺上麵團，再撒少許肉桂糖，蓋上另一張保鮮膜，用擀麵棍壓成長25× 寬16cm〔ⓑ〕。拿掉上層的保鮮膜，再撒些許肉桂糖（留1小匙備用），用手指抹開，拉起底部的保鮮膜，將麵團往前捲〔ⓒ〕，捲口收緊。把剩下的肉桂糖均勻撒在麵團上。

　＊若麵團黏手，撒少許肉桂糖代替手粉。

3 麵團移入烤盤，用手塑整成10×18cm（1.5cm厚）的平行四邊形〔ⓓ〕，放進烤箱，以170℃烤約25分鐘。

　＊用手壓出麵團的空氣，避免切的時候產生孔洞。

4 大致放涼後，斜切成1cm寬。切面朝上，排入烤盤，放進預熱至150℃的烤箱烤約20分鐘。烤好後連同烤盤一起放涼。

ⓐ

ⓑ

ⓒ

ⓓ

3.
胡蘿蔔蛋糕比斯考提

【材料】10cm×25 片

A | 低筋麵粉…100g
　 肉桂粉…1/2 小匙
　 丁香粉…1/4 小匙
　 泡打粉…1/3 小匙

二砂或紅糖…50g

蛋…1 顆*

植物油…25g

B | 胡蘿蔔…1/4 根（50g）
　 葡萄乾…20g
　 核桃…20g

〖起司奶油〗

奶油起司…40g

蜂蜜…1 小匙

＊將蛋黃與 10g 的蛋白加進麵團，剩下的蛋白用來增加表面光澤。

【事前準備】

• 核桃用平底鍋小火乾炒，和胡蘿蔔、葡萄乾一起切碎（也可用食物調理機攪碎）。
• 蛋退冰至室溫。
• 烤盤鋪入烤盤布。
• 烤箱預熱至 170℃。

1　將蛋黃、10g 的蛋白、植物油倒入調理盆，用打蛋器拌勻。

2　加入混合過篩的 A、砂糖，用刮板切拌。拌至無粉粒的狀態，加入 B 切拌，揉整成團。

3　麵團移入烤盤，手沾少許水，將麵團塑整成 10×20cm（1.2cm厚）的平行四邊形，表面刷塗剩下的蛋白，放進烤箱以170℃烤約25分鐘。

4　大致放涼後，斜切成8mm寬。切面朝上，排入烤盤，放進預熱至150℃的烤箱烤約30分鐘。烤好後連同烤盤一起放涼。依個人喜好，搭配起司奶油（蜂蜜＋奶油起司）享用。

＊烘烤過程中若發現烤色變深，請降溫至 140℃。

memo
• 建議使用香氣清淡的太白胡麻油或椰子油（請參閱 P33）。

丁香粉是用丁香開花前的花蕾乾燥製成的辛香料。用途廣泛，適合加入胡蘿蔔蛋糕或南瓜派、蘋果派等增添風味。

將胡蘿蔔、葡萄乾、核桃切成細末加進麵團，也可用食物調理機攪碎。如此一來就能均勻烤透，口感也會變好。

coconut

Oreo cookie

4.
椰子比斯考提

5.
奧利奧比斯考提

【材料】8cm×22 片

A | 低筋麵粉…30g
　| 泡打粉…1/5 小匙
細砂糖…30g
B | 蛋白…1 顆的量
　| 椰子油…20g

椰絲…50g
烘焙用苦甜巧克力、椰絲
（沾裹用）…各適量

【材料】14cm×15 片

A | 低筋麵粉…120g
　| 小蘇打粉…1/4 小匙
細砂糖…50g
B | 蛋…1 顆
　| 植物油…30g

奧利奧餅乾…5 片
核桃…40g

【事前準備】

• 蛋白退冰至室溫。
• 若椰子油凝固，微波或隔水加熱使其
　融成液態。
• 烤盤鋪入烤盤布。
• 烤箱預熱至 170℃。

椰絲是用椰子胚乳乾
燥製成。香甜濃郁的
風味，是很受歡迎的
烘焙點心材料。

【事前準備】

• 核桃用平底鍋小火乾炒。
• 蛋退冰至室溫。
• 奧利奧直接用手掰成每
　片 4 等分〔ⓐ〕。
• 烤盤鋪入烤盤布。
• 烤箱預熱至 170℃。

ⓐ

1 將B倒入調理盆，用打蛋器拌勻。
2 加入混合過篩的A、砂糖、椰絲，用刮板
　切拌。拌至無粉粒的狀態，揉整成團。
3 麵團移入烤盤，手沾少許水，將麵團塑
　整成8×18cm（1.2cm厚）的平行四邊
　形，放進烤箱以170℃烤約25分鐘。
4 大致放涼後，斜切成8mm寬。切面朝
　上，排入烤盤，放進預熱至150℃的烤
　箱烤約20分鐘。烤好後連同烤盤一起放
　涼。
5 完全放涼後，用湯匙舀取隔水加熱融化
　的巧克力（請參閱P61），淋在比斯考提
　正面的其中半邊，撒些椰子粉，靜置凝
　固。

自椰子胚乳萃取的椰
子油，在 20℃以下會
凝固。也可作為奶油
的替代品。

1 將B倒入調理盆，用打蛋器拌勻。
2 加入混合過篩的A、砂糖，用刮板切拌。拌至殘
　留些許粉粒的狀態，依序加入核桃、奧利奧餅乾
　混拌，揉整成團。
3 麵團移入烤盤，手沾少許水，將麵團塑整成
　14×18cm（1.5cm厚）的平行四邊形，放進烤箱
　以170℃烤約25分鐘。
4 大致放涼後，斜切成1.2cm寬。切面朝上，排入烤
　盤，放進預熱至150℃的烤箱烤約15～20分鐘。烤
　好後連同烤盤一起放涼。

6.
檸檬可可大理石比斯考提

【材料】12cm×15 片

〖檸檬麵團〗

A│低筋麵粉…60g
　│泡打粉…1/4 小匙

細砂糖…30g

B│蛋…1/2 顆
　│植物油…1 大匙

磨碎的檸檬皮（請選用小顆的無蠟檸檬）
　　…1 顆檸檬的量

開心果…20g

〖可可麵團〗

C│低筋麵粉…45g
　│可可粉…10g
　│泡打粉…1/4 小匙

細砂糖…30g

D│蛋…1/2 顆
　│植物油…1 大匙

榛果或杏仁…30g

【事前準備】

• 榛果用平底鍋小火乾炒，對半切開。
• 蛋退冰至室溫。
• 烤盤鋪入烤盤布。
• 烤箱預熱至 170℃。

1 製作檸檬麵團：將 B 倒入調理盆，用打蛋器拌勻。

2 接著加入混合過篩的 A、砂糖、檸檬皮，用刮板切拌。拌至殘留些許粉粒的狀態，加入開心果混拌，揉整成團，塑整成12cm長的條狀。

3 製作可可麵團：將 D 倒入調理盆，用打蛋器拌勻。加入混合過篩的 C、砂糖，用刮板切拌。拌至殘留些許粉粒的狀態，加入榛果混拌，揉整成團，塑整成12cm長的條狀。與檸檬麵團合併，扭轉交疊成1條。

4 麵團移入烤盤，手沾少許水，將麵團塑整成12×15cm（1.2cm厚）的平行四邊形，放進烤箱以170℃烤約25分鐘。

5 大致放涼後，斜切成1cm寬。切面朝上，排入烤盤，放進預熱至150℃的烤箱烤約15～20分鐘。烤好後連同烤盤一起放涼。

檸檬麵團和可可麵團合併，扭轉交疊成1條。若是重疊後才扭轉，會無法做出漂亮的大理石花紋。

麵團移入烤盤，塑整成平行四邊形。手沾少許水，捏合交疊處的縫隙，使麵團不易分離，形成漂亮的大理石花紋。

7.
蔓越莓開心果比斯考提

【材料】 12cm×15片

A｜低筋麵粉…120g
　｜小蘇打粉…1/4 小匙

細砂糖…50g

B｜蛋…1 顆
　｜植物油…30g

蔓越莓乾…40g

開心果…40g

烘焙用白巧克力（沾裹用）…適量

【事前準備】

• 蛋退冰至室溫。
• 烤盤鋪入烤盤布。
• 烤箱預熱至 170℃。

1　將 B 倒入調理盆，用打蛋器拌勻。

2　加入混合過篩的 A、砂糖，用刮板切拌。拌至殘留些許粉粒的狀態，加入蔓越莓乾、開心果混拌，揉整成團。

3　麵團移入烤盤，手沾少許水，將麵團塑整成12×15cm（1.5cm厚）的平行四邊形，放進烤箱以170℃烤約25分鐘。

4　大致放涼後，斜切成1cm寬。切面朝上，排入烤盤，放進預熱至150℃的烤箱烤約15～20分鐘。烤好後連同烤盤一起放涼。

5　完全放涼後，用湯匙舀取隔水加熱融化的巧克力（請參閱P61），淋在比斯考提正面的其中半邊，靜置凝固。

memo --
· 建議使用椰子油（請參閱 P33）或融化的無鹽奶油，風味會更好。

產自北美的蔓越莓乾，鮮豔的紅色與酸味非常誘人。尤其在美國廣受喜愛，廣泛用於麵包或烘焙點心、沙拉等。

烘焙用的白巧克力隔水加熱後，用湯匙舀取，淋在比斯考提正面的其中半邊，多餘的巧克力以橡皮刮刀刮除。

淋上巧克力之後，將比斯考提排在烤盤布上，置於常溫下待其凝固。巧克力只淋單面，所以處理起來很順手。

BASIC

3 | 基本款
無蛋比斯考提
（檸檬）

用優格取代蛋，
做出來的比斯考提口感脆硬、滋味清淡。
因為容易產生黏性，為了烤出脆度，加入玉米粉，再切成薄片。
以檸檬皮增添微微的酸味。

【材料】12cm×25 片

A 低筋麵粉…90g

　玉米粉…30g

　小蘇打粉…1/4 小匙

細砂糖…60g

B 原味優格…40g

　牛奶…30g

磨碎的檸檬皮（請選用無蠟檸檬）

　…1 顆檸檬的量

腰果…60g

烘焙用白巧克力、杏仁片（大略切碎／沾裹用）

　…各適量

【事前準備】

• 腰果用平底鍋小火乾炒，對半縱切。

• 優格和牛奶退冰至室溫。

• 烤盤鋪入烤盤布（15×30cm）。

• 烤箱預熱至170℃。

1 ｜ 優格和牛奶混合

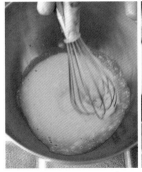

將 B 倒入調理盆，用打蛋器拌勻。

2 ｜ 加入粉類與堅果

A 倒入粉篩，混合過篩後，加入砂糖、檸檬皮。

＊小蘇打粉結塊會造成烤色不均或產生苦味，請留意。

用刮板切拌，拌至殘留些許粉粒的狀態，加入腰果，用刮板壓拌。

＊如果無法成團，請酌量加數滴牛奶。

3 ｜ 烘烤

揉整成團後，用手將腰果塞入麵團，塑整成15cm長的條狀。

＊搓揉麵團會讓比斯考提烤好後變硬，請留意。

麵團移入烤盤，手沾少許水，將麵團塑整成12×15cm（1.5cm厚）的平行四邊形，用手指壓平表面。放進烤箱以170℃烤約25分鐘，移至冷卻架上放涼。

4 ｜ 切片，再烤一次

大致放涼後，斜切成6mm寬。

＊在高溫或過度冷卻的狀態下都不好切。切片要訣是用麵包刀前後來回鋸切。

切面朝上，排入烤盤，放進預熱至150℃的烤箱烤20～25分鐘。烤乾表面後，連同烤盤一起放涼。

＊因為片數較多，分成 2 個烤盤烘烤。

＊烤 10 分鐘翻面，使兩面均勻烤透。

5 ｜ 澆淋巧克力

完全變涼後，用湯匙舀取隔水加熱融化的白巧克力（請參閱P61），淋在比斯考提正面的其中半邊，撒些切碎的杏仁片，靜置凝固。

1.

pumpkin

南瓜
比斯考提

用美國產的南瓜增加黏性，
以感恩節必備的南瓜派香料增香，
是美式比斯考提的基本款口味。
南瓜的含水量不一，如果覺得麵團乾，可酌量加些牛奶。

作法請參閱第42頁 →

2.

banana & poppy seed

香蕉罌粟籽
比斯考提

經濟大恐慌時代，主婦為了補貼家計想出來的
香蕉蛋糕（banana bread）如今已是美國的媽媽味。
這裡用比斯考提重現這個好滋味。
因為不易烤透，所以切成薄片慢慢烘烤。

作法請參閱第43頁 →

3.

applesauce

蘋果醬
比斯考提

在美國，把蘋果煮至黏稠狀態的蘋果醬，
和香蕉泥、洋李泥一樣，
可用來取代油脂或砂糖、蛋等材料。
拌入比斯考提的麵團，做成清淡柔和的口味。

作法請參閱第44頁 →

4.

sweet potato

地瓜
比斯考提

這款比斯考提搭配濃郁的奶茶很對味，
適合在深秋時節享用。地瓜加上蔓越莓、
胡桃是美國常見的食材組合，
加入中國香料的五香粉，別有一番新鮮感。

作法請參閱第45頁 →

pumpkin

1.

南瓜比斯考提

【材料】12cm×15 片

A｜ 低筋麵粉…100g
　　肉桂粉…1/2 小匙
　　丁香粉…1/4 小匙
　　泡打粉…1/3 小匙
　　二砂…40g
B｜ 南瓜（去皮、籽和瓜囊）…80g *
　　植物油…30g
南瓜子或核桃…50g

＊也可使用冷凍南瓜。

【事前準備】
• 南瓜切成 4cm 塊狀，放入耐熱容器，
　用保鮮膜稍微包覆，微波（600W）
　加熱 3 分鐘，用湯匙壓成柔滑狀。
• 南瓜子用平底鍋小火乾炒。
• 烤盤鋪入烤盤布。
• 烤箱預熱至 170℃。

1　將 B 倒入調理盆，用打蛋器拌勻。
2　加入混合過篩的 A、砂糖，用刮板切拌。拌至殘留
　　些許粉粒的狀態，加入南瓜子混拌，揉整成團。
　　＊如果無法成團，請酌量加數滴牛奶。

3　麵團移入烤盤，手沾少許水，將麵團塑整成
　　12×12cm（2cm厚）的平行四邊形，放進烤箱以
　　170℃烤約25分鐘。
4　大致放涼後，斜切成8mm寬。切面朝上，排入烤
　　盤，放進預熱至150℃的烤箱烤約25～30分鐘。
　　烤好後連同烤盤一起放涼。

memo --
• 建議使用香氣清淡的太白胡麻油或椰子油（請參閱 P33）。

南瓜切成一口大小，放入
耐熱容器，用保鮮膜稍微
包覆，微波加熱 3 分鐘，
用湯匙壓成柔滑狀。也可
用蒸鍋炊蒸。

美國人會把做萬聖節南瓜
燈籠剩下的南瓜子烤乾，
連殼食用。烘焙時是用去
殼的果仁。可直接當成零
嘴吃，或是當作烘焙點心
的配料。

2.
香蕉罌粟籽比斯考提

【材料】 12cm×24 片

A｜ 低筋麵粉…100g
　　 小豆蔻粉…1/3 小匙
　　 泡打粉…1/3 小匙
　 二砂或紅糖…30g
B｜ 全熟香蕉…中型 1 條
　　 （淨重 80g）
　　 無鹽奶油或椰子油…30g *
　 藍罌粟籽…20g

＊若使用椰子油，請參閱 P33。

【事前準備】

• 奶油用微波或隔水加熱融化後，
　放涼備用。
• 香蕉用打蛋器壓成泥狀。
• 烤盤鋪入烤盤布。
• 烤箱預熱至 170℃。

1　將 B 倒入調理盆，用打蛋器拌勻。
2　加入混合過篩的 A、砂糖、藍罌粟籽，用刮板切拌。
　　拌至無粉粒的狀態，揉整成團。
3　麵團移入烤盤，手沾少許水，將麵團塑整成12×12cm
　　（1.5cm厚）的平行四邊形，放進烤箱以170℃烤約25
　　分鐘。

　　＊雖然麵團會黏手，請留意勿沾太多水。

4　大致放涼後，斜切成5mm寬。切面朝上，排入烤盤，
　　放進預熱至150℃的烤箱烤約25～30分鐘。烤好後連同
　　烤盤一起放涼。

　　＊烘烤過程中若發現烤色變深，請降溫至 140℃。
　　＊因為麵團不易烤透，所以要慢慢烤，烤至變乾。

memo --
• 若使用未熟透的香蕉（表皮未出現黑點），請把帶皮的香蕉放進預
　熱至 180℃的烤箱烤約 10 分鐘。

清甜芳香的小豆蔻粉，常用於咖哩料理或北歐的烘焙點心。在美國，搭配香蕉的組合也很受歡迎。

罌粟籽常用於中東歐的點心，或檸檬、香蕉口味的烘焙點心。又稱芥子，分為藍、白兩色。

加了香蕉泥的麵團有黏性，用刮板輔助移入烤盤。塑型時就算黏手，也請留意不要沾太多水。

applesauce

3.

蘋果醬比斯考提

【材料】12cm×15 片

A ┌ 全麥低筋麵粉…50g
　├ 低筋麵粉…50g
　├ 肉桂粉…1/3 小匙
　└ 泡打粉…1/3 小匙
細砂糖…40g
〖蘋果醬〗（約 200g）
　蘋果…2 個（淨重 500g）
　檸檬汁…2 小匙
　鹽…2 小撮
南瓜子或核桃…50g

【事前準備】
• 南瓜子用平底鍋小火乾炒。
• 烤盤鋪入烤盤布。

1　製作蘋果醬：蘋果去皮，切成扇形薄片。和其他材料一起倒入小鍋，以中火加熱，煮滾後轉小火，蓋上鍋蓋煮15〜20分鐘。煮至變稠後，用打蛋器壓成泥狀，放涼。烤箱預熱至170℃。

2　將60g的蘋果醬以及混合過篩的A、砂糖倒入調理盆，用刮板切拌。拌至殘留些許粉粒的狀態，加入南瓜子混拌，揉整成團。

3　麵團移入烤盤，手沾少許水，將麵團塑整成12×12cm（1.8cm厚）的平行四邊形，放進烤箱以170℃烤約25分鐘。

4　大致放涼後，斜切成8mm寬。切面朝上，排入烤盤，放進預熱至150℃的烤箱烤約25〜30分鐘。烤好後連同烤盤一起放涼。

＊因為麵團不易烤透，所以要慢慢烤，烤至變乾。

只用蘋果加檸檬汁和鹽煮軟壓爛的蘋果醬。如果有剩，可直接吃或配優格、做成瑪芬蛋糕。

調理盆內倒入 60g 的蘋果醬，加入粉類和砂糖，用刮板快速切拌。拌至蘋果醬和粉類均勻融合即可。

sweet potato

4.

地瓜比斯考提

【材料】12cm×15 片

A｜低筋麵粉…100g
　｜五香粉…1/2 小匙
　｜泡打粉…1/3 小匙
二砂…40g
B｜地瓜…中型 1/3 條
　｜（淨重 80g）
　｜植物油…30g
　｜牛奶…2 小匙
蔓越莓乾…30g
胡桃或核桃…30g

【事前準備】

• 地瓜去皮，切成一口大小，用沾濕的廚房紙巾包住，放入耐熱容器，用保鮮膜稍微包覆，微波（600W）加熱 4 分鐘。用湯匙壓成柔滑狀。
• 胡桃用平底鍋小火乾炒。
• 烤盤鋪入烤盤布。
• 烤箱預熱至 170℃。

1　將 B 倒入調理盆，用打蛋器拌勻。
2　加入混合過篩的 A、砂糖，用刮板切拌。拌至殘留些許粉粒的狀態，加入蔓越莓乾、胡桃混拌，揉整成團。

　＊如果無法成團，請酌量加數滴牛奶。

3　麵團移入烤盤，手沾少許水，將麵團塑整成12×12cm（2cm厚）的平行四邊形，放進烤箱以170℃烤約25分鐘。
4　大致放涼後，斜切成8mm寬。切面朝上，排入烤盤，放進預熱至150℃的烤箱烤約25～30分鐘。烤好後連同烤盤一起放涼。

memo

• 依個人喜好，酌量增減五香粉的用量。
• 建議使用香氣清淡的太白胡麻油或椰子油（請參閱 P33）。

五香粉是肉桂、八角、花椒、丁香、茴香等混合而成的中國辛香料。製作南瓜派或地瓜派、冰淇淋時可增添香氣。

產自北美洲，在美國相當受歡迎的胡桃，雖然形似核桃，但其脂肪量高、澀味少，廣受喜愛。適用於各種烘焙點心。

地瓜微波加熱後，用湯匙壓成柔滑狀。也可用蒸鍋炊蒸，或連皮用鋁箔紙包覆，放進預熱至 200℃ 的烤箱烤 30 分鐘。

BASIC

4 基本款
無麵粉比斯考提
（米穀粉 × 黃豆粉）

使用米穀粉或堅果粉、燕麥粉，做出不同美味的比斯考提。
本書是用米穀粉加黃豆粉，為了提升風味，
還加了肉桂粉。由於質地易碎，切片時請小心。
因為容易烤焦，請低溫烘烤並留意烘烤狀態。

【材料】6cm×27 片

A｜烘焙用米穀粉…70g
　　黃豆粉…15g
　　肉桂粉…1/2 小匙
　　泡打粉…1/3 小匙
　　鹽…1 小撮略多
二砂…40g
B｜蛋…1 顆
　　植物油…1 大匙
核桃…30g

【事前準備】
• 核桃用平底鍋小火乾炒。
• 蛋退冰至室溫。
• 烤盤鋪入烤盤布（15×30cm）。
• 烤箱預熱至 170℃。

1 蛋和油混合

將 B 倒入調理盆，用打蛋器拌勻。

＊不需要打發。

2 加入粉類與核桃

A 倒入粉篩，混合過篩後，加入砂糖。

用刮板切拌混合。

＊用刮板刮起周圍的粉，以切拌方式大略拌一下。

拌至無粉粒的柔滑狀態，加入核桃，用刮板壓拌。

＊如果無法成團，請酌量加數滴水。

用刮板將麵團移入烤盤。

3 烘烤

手沾少許水，將麵團塑整成6×22cm（1.5cm厚）的長橢圓狀，用手指壓平表面。放進預熱至170℃的烤箱烤約20分鐘，移至冷卻架上放涼。

＊米穀粉的麵團經過一段時間會變黏，請盡快整型、烘烤。

4 切片，再烤一次

大致放涼後，斜切成8mm寬。

＊在高溫或過度冷卻的狀態下都不好切。切片要訣是用麵包刀前後來回鋸切。

切面朝上，排入烤盤，放進預熱至140℃的烤箱烤約20分鐘。烤乾表面後，連同烤盤一起放涼。

＊烤 10 分鐘翻面，使兩面均勻烤透。
＊可冷凍保存，不需解凍就能食用。

5 基本款
一次烘烤比斯考提
(橘子果醬)

這款美式軟餅乾風格的比斯考提不必烤兩次，
適合不喜好脆硬口感的人。
原始作法是在比斯考提麵團中加入大茴香，
經過一次烘烤而成。
本書使用杏仁粉，做出濕潤的口感。
淋上巧克力，美味更加倍。

【材料】4cm×12 片

A | 杏仁粉…70g
　 | 片栗粉…10g
　 | 泡打粉…1/4 小匙
橘子果醬…50g

【事前準備】
- 橘子果醬若混雜較大塊的果皮，
  請先切碎。
- 烤盤鋪入烤盤布（15×30cm）。
- 烤箱預熱至 170℃。

0 | 乾炒 杏仁粉

杏仁粉用平底鍋小火乾炒，放涼。

＊也可用預熱至 150℃的烤箱烤 10 分鐘。

1 | 橘子果醬和粉類混合

將橘子果醬倒入調理盆，A 倒入粉篩，大略混合後直接篩入盆中。

用刮板切拌混合。

＊用刮板刮起周圍的粉，以切拌方式大略拌一下。

用手揉壓，讓橘子果醬和粉類均勻融合。

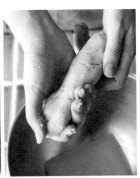

揉壓成團，塑整成15cm長的條狀。

2 | 烘烤

將麵團移入烤盤，手沾少許水，將麵團塑整成4×15cm（2cm厚）的長橢圓狀，用手指壓平表面。

＊用手指沾水，均勻壓平表面，烘烤時就不易裂開。

放進烤箱以170℃烤約20分鐘，移至冷卻架上放涼。

＊表面變硬，底部烤色變深就表示烤好了。

3 | 放涼後 切片

完全放涼後，切成1.2cm寬。

＊用麵包刀前後來回鋸切。
＊烤好後仍保有水分，建議當日食用。

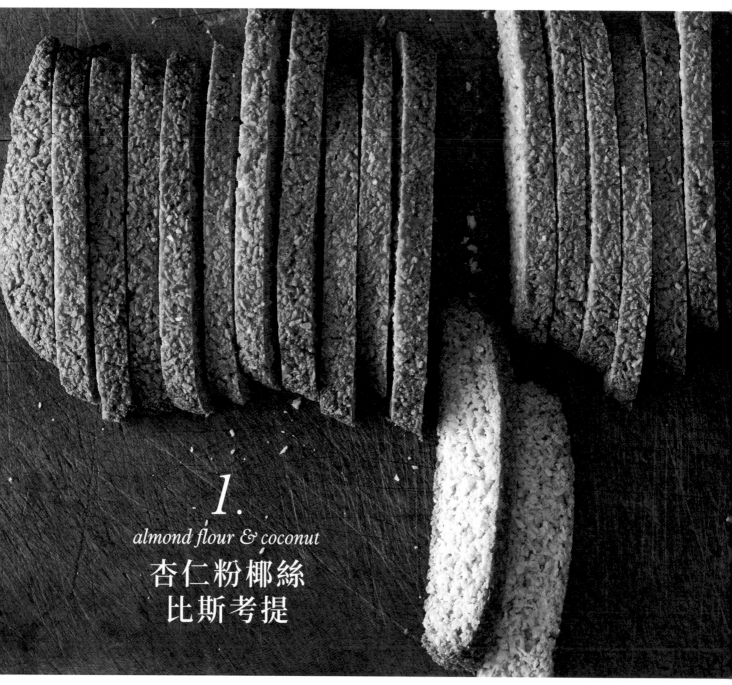

1.

almond flour & coconut

杏仁粉椰絲
比斯考提

加入大量的杏仁粉與椰絲,香氣十足。
香草油的甜香具加分效果。
因為容易烤焦,發現烤色變深時,
請降低溫度,視情況調整烤溫。

作法請參閱第54頁 →

2.
oatmeal & chocolate
燕麥巧克力
比斯考提

由歐洲移民傳入北美的燕麥，
經常當作餅乾的配料使用，廣受喜愛。
磨成粉做成比斯考提的麵團，
口感酥脆。堅果般的香氣也是魅力所在。

作法請參閱第55頁 →

rice flour & maccha

米穀粉抹茶
比斯考提

用米穀粉做成的比斯考提，
口感爽脆有如米果。用量多的抹茶，
務必選擇風味品質佳的產品。
淋上與抹茶很搭的白巧克力，味道更棒。

作法請參閱第56頁 →

4.

spices & cream cheese

香料奶油起司
一次烘烤
比斯考提

以美國傳統的糖蜜餅乾「hermit」為靈感，
用蜂蜜取代糖蜜，
還加了香醇的奶油起司。
剛烤好趁熱吃，或是放涼後再吃都一樣美味。

作法請參閱第56頁 →

1.

杏仁粉椰絲比斯考提

【材料】8cm×30 片

A│ 杏仁粉…30g
　│ 泡打粉…1/5 小匙

二砂…30g

B│ 蛋…1 顆
　│ 香草油…少許

椰絲…50g

【事前準備】

• 杏仁粉用平底鍋小火乾炒，放涼。
• 蛋退冰至室溫。
• 烤盤鋪入烤盤布。
• 烤箱預熱至 170℃。

1 將B倒入調理盆，用打蛋器拌勻。

2 加入混合過篩的 A、砂糖、椰絲，用刮板切拌。拌至無粉粒的狀態，揉整成團。

3 麵團移入烤盤，手沾少許水，將麵團塑整成 8×18cm（1.2cm厚）的平行四邊形，放進烤箱以 170℃烤15分鐘，降溫至160℃再烤約10分鐘。

4 大致放涼後，斜切成6mm寬。切面朝上，排入烤盤，放進預熱至150℃的烤箱烤10分鐘，降溫至140℃再烤約10分鐘。烤好後連同烤盤一起放涼。

以前在美國很少見的杏仁粉，隨著無麩質飲食需求的增加，因為可取代麵粉而受到關注。乾炒後，杏仁的香氣更加明顯且美味。也可用預熱至 150℃的烤箱烤 5 ～ 6 分鐘。

2.

燕麥巧克力比斯考提

【材料】10cm×15 片

A 燕麥片…50g
　杏仁粉…50g
　片栗粉…10g
　肉桂粉…1 小匙
　泡打粉…1/3 小匙
二砂…50g
B 蛋…1 顆
　植物油…10g *
松子…30g
烘焙用苦甜巧克力（沾裹用）
　…適量

＊建議使用椰子油（請參閱 P33）。

【事前準備】

• 杏仁粉和松子分別用平底鍋小
　火乾炒，放涼。
• 蛋退冰至室溫。
• 燕麥片用食物調理機打成細粉
　（或是用磨缽磨）。
• 烤盤鋪入烤盤布。
• 烤箱預熱至 170℃。

1 將 B 倒入調理盆，用打蛋器拌勻。

2 加入混合過篩的 A、砂糖，用刮板切拌。拌至無粉粒
　的狀態，加入松子混拌，揉整成團。

　＊加了燕麥片的麵團容易產生黏性，請盡快混拌。

3 麵團移入烤盤，手沾少許水，將麵團塑整成10×15cm
　（1.2cm厚）的平行四邊形，放進烤箱以170℃烤約25
　分鐘。

4 大致放涼後，斜切成1cm寬。切面朝上，排入烤盤（此
　時麵團容易碎裂，請輕放），放進預熱至150℃的烤箱
　烤約25分鐘。烤好後連同烤盤一起放涼。

5 完全放涼後，用湯匙舀取隔水加熱融化的巧克力（請
　參閱P61），淋在比斯考提正面的其中半邊，靜置凝
　固。

燕麥片是用脫殼燕麥輥壓製成。美國的常見吃法是水煮成燕麥糊，或是加進餅乾麵團裡當作配料。

燕麥片用食物調理機打成細粉。加進鬆餅或蛋糕，或是以之取代餅乾麵團中20%的低筋麵粉，讓香氣及口感更加豐富。

用湯匙將融化的巧克力淋在比斯考提正面的其中半邊，排在烤盤布上，置於常溫下凝固。

rice flour & maccha

3.

米穀粉抹茶比斯考提

【材料】7cm×25 片

A	烘焙用米穀粉…90g	B	蛋…1 顆
	抹茶粉…1 大匙（6g）		植物油…1 大匙
	泡打粉…1/3 小匙		水…1 小匙
細砂糖…50g			榛果或杏仁…30g

【事前準備】

• 榛果用平底鍋小火乾炒。
• 蛋退冰至室溫。
• 烤盤鋪入烤盤布。
• 烤箱預熱至 170℃。

梗米磨成的米穀粉。請選擇烘焙用的細粉狀產品。此外，不同種類的米穀粉吸水性也不同，請示情況斟酌加水。

1 將 B 倒入調理盆，用打蛋器拌勻。

2 加入混合過篩的 A、砂糖，用刮板切拌。拌至無粉粒的狀態，加入榛果混拌，揉整成團。

＊如果無法成團，請酌量加數滴水。

3 用刮板把麵團移入烤盤，手沾少許水，將麵團塑整成 7×25cm（1.5cm厚）的長橢圓狀，放進烤箱以 170℃ 烤約 25 分鐘。

＊麵團放久會變黏，請盡快整型、烘烤。

4 大致放涼後，切成 1cm 寬。切面朝上，排入烤盤，放進預熱至 150℃ 的烤箱烤約 20 分鐘。烤好後連同烤盤一起放涼。

＊將砂糖減至 45g，再裹上白巧克力淋醬（請參閱 P60）也很好吃。

---

spices & cream cheese

4.

香料奶油起司一次烘烤比斯考提

【材料】7cm×22 片

A	低筋麵粉…90g	B	蛋…1 顆
	肉桂粉…1/2 小匙		蜂蜜…40g
	薑粉…1/4 小匙		植物油…20g
	丁香粉…2 小撮		牛奶…2 小匙
	泡打粉…1/3 小匙		葡萄乾…40g
			核桃…40g
			奶油起司…30g

【事前準備】

• 核桃用平底鍋小火乾炒，和葡萄乾一起切碎（也可用食物調理機攪碎）。
• 奶油起司塑整成 24cm 長的棒狀，用保鮮膜包覆，放進冰箱冷藏備用。
• 蛋退冰至室溫。
• 烤盤鋪入烤盤布。
• 烤箱預熱至 180℃。

1 將 B 倒入調理盆，用打蛋器拌勻。

2 加入混合過篩的 A，用刮板切拌。拌至殘留些許粉粒的狀態，加入葡萄乾、核桃混拌，揉整成團。

3 取一半的麵團移入烤盤，手沾少許水，將麵團塑整成 25cm 的長條狀，擺上奶油起司，把剩下的麵團也塑整成相同長度的條狀，疊置於上〔ⓐ〕。上下的麵團壓合，包覆起司，塑整成 7×27cm（1cm 厚）的長橢圓狀，放進預熱至 180℃ 的烤箱烤約 12 分鐘。

＊麵團放久會變黏，請盡快整型、烘烤。

ⓐ

4 完全放涼後，切成 1.2cm 寬，當日享用最美味。

只要用一個調理盆拌一拌，
想做就做的美味比斯考提。
使用刮板是美式點心常見的作法，
不揉整就能切拌均勻，備有一個很方便。

調理盆

本書使用直徑 23cm 的柳宗理不鏽鋼調理盆。這個大小可以直接將粉類篩入盆中，且圓滑好握、深度足，使用刮板切拌混合時很方便。霧面處理，即使磨損也不明顯。

粉篩

粉類過篩的工具。突出的兩腳可勾掛在調理盆上，使用起來相當方便。也可用細網眼的網篩代替。本書使用的是直徑 16cm，附把手的粉篩。

打蛋器

用於混拌蛋或油、優格等液體。製作比斯考提的麵團時，因為蛋不必打發，只要拌至柔滑狀，因此使用調製醬汁用的小打蛋器即可。

刮板

又稱切刀，用於將粉類和液體拌勻、刮取黏在調理盆周圍的麵糊。法國 MATFER 是我的愛用品牌，材質軟硬適中、韌性佳。配合調理盆底部的大小，也可直立使用。

電子秤

用於秤量粉類或砂糖、油等材料。製作點心時，準確秤量很重要。如果有誤差會影響成品的狀態，比起指針秤，建議使用電子秤。

烤盤布

本書用的是可重複使用的法國 MATFER 玻璃纖維不沾布。如果太大片，烘烤時會翹起，造成麵團變形，請裁成 15×30cm 的大小。切片後烤第二次時，不鋪烤盤布也沒關係。

麵包刀

用於分切經過一次烘烤的比斯考提麵團。以來回鋸切的方式操作鋸齒狀的刀面。SUNCRAFT 是我的愛用品牌。切成薄片是重點，請務必準備一把。

關於使用材料

以粉類為主，混合砂糖、蛋、油、堅果等簡單的材料做成的比斯考提。在此為各位介紹我個人愛用的材料，以及挑選的重點。

低筋麵粉

這款烘焙點心用的低筋麵粉 Kuchen（江別製粉）可以讓比斯考提產生濕潤的口感。研磨至靠近麩皮的部分，保有小麥的美味，接近中筋麵粉，類似美國麵粉的質地。

小蘇打粉

英文名是 Baking soda，在日本自古以來被當作銅鑼燒或蒸點的膨脹劑，能為比斯考提帶來單純的口感與風味。若結塊會造成烤色不均或苦味，請用粉篩和粉類混合過篩。

泡打粉

本書使用朗佛德（RUMFORD）的無鋁（不含明礬）泡打粉。沒有小蘇打粉的時候，也可用泡打粉代替，不過份量要加倍。

玉米粉

以玉米澱粉製成的粉。在加了優格等容易產生黏性的麵團中添加少許玉米粉，就能產生輕酥口感。也可用等量的片栗粉代替。

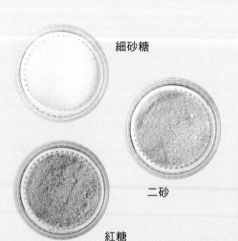

細砂糖

二砂

紅糖

砂糖

想烤出漂亮的色澤，或是突顯麵團中檸檬等材料的風味時，使用細砂糖。添加果乾等材料，想做出濃郁滋味的麵團時則使用二砂。用於巧克力豆餅乾或燕麥餅乾的紅糖具有濃厚醇香，適合花生醬等美式口味的麵團。

蛋

建議使用中型，去殼後的重量約50g（蛋黃20g＋蛋白30g）。若是使用更小顆的蛋，麵團可能不易成團，請酌量加水調整。

油

甜口味比斯考提建議使用無色透明、味道柔和的太白胡麻油。也可用椰子油或融化的無鹽奶油。鹹口味比斯考提則是用特級初榨橄欖油，增加風味與香氣。「太白胡麻油」（富澤商店）⇒購買資訊請參閱第 88 頁

鹽

製作鹹口味比斯考提時，以少量的鹽統合味道。我是使用顆粒略粗、具鮮味的「鹽之花（Sel de Guérande）」。若使用精製鹽，因為鹹味較重，請將份量減少 1 小撮。

優格

本書使用無糖的原味優格。比起水分多、口感滑順的優格，選擇質地略稠的優格較適合。加進無蛋麵團可增加濃醇感，幫助麵團膨脹。請避免使用低脂優格。

牛奶

不要使用低脂乳或脫脂乳，請用鮮乳。連同優格一起加入無蛋麵團時，為了能夠均勻拌合，請退冰至室溫再使用。

巧克力

若是切碎拌入麵團，使用喜歡的板狀巧克力即可。若是需要融化後再使用的食譜，請選擇烘焙用的苦甜或白巧克力。苦甜巧克力建議選擇可可含量 60％左右。隔水加熱時進行調溫（請參閱 P61），表面便不會出現白霜，能夠確實凝固。

堅果

用平底鍋小火乾炒，或是放進預熱至 160℃（松子是 150℃）的烤箱烤 8～10 分鐘。如果是已烘焙的產品，則無須乾炒。由於生堅果容易氧化，建議購入後一起乾炒，冷凍保存。「有機核桃」（富澤商店）⇒購買資訊請參閱第 88 頁

果乾

像葡萄乾（左下圖）一樣的整粒果乾容易烤焦，要切碎後再加進麵團。而已切成 4 等份販售的蔓越莓乾，則不必切碎。開封後放進冰箱冷藏或冷凍保存。

烤好後直接吃已經相當美味的比斯考提，
淋上巧克力也是頗受美國人喜愛的吃法。
本書的每一種比斯考提都和巧克力很搭，
用巧克力裝飾一下，就能當成禮物送人。
若是在家中享用，一定要試試新鮮的奶油。

正確測量溫度是融化巧克力的訣竅。
凝固後散發光澤，和堅果很對味。

巧克力＆堅果

白巧克力搭配酸甜的覆盆莓。
紅白對比真可愛。

白巧克力＆冷凍莓果乾

【材料】約 12 片
烘焙用苦甜巧克力…80g
杏仁果…適量＊

＊用平底鍋小火乾炒後，大略切碎。

1 請參閱右頁的作法融化巧克力。
用湯匙舀取巧克力，淋在比斯
考提正面的其中半邊，撒些碎
杏仁，靜置凝固。

〔香蕉罌粟籽比斯考提〕

【材料】約 12 片
烘焙用白巧克力…80g
冷凍乾燥的覆盆莓或草莓…適量＊

＊「冷凍乾燥覆盆莓片」（富澤商店）
⇒ 購買資訊請參閱第 88 頁

1 請參閱右頁的作法融化白巧克力（溫
度依序是 45℃→ 26℃→ 29℃），用
湯匙舀取巧克力，淋在比斯考提正
面的其中半邊，撒些大略切碎的覆
盆莓，靜置凝固。

〔伯爵茶比斯考提〕

在比斯考提的表面畫出細線裝飾。
也可用苦甜巧克力畫。

白巧克力畫線

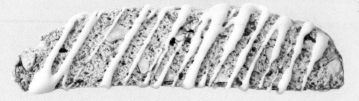

【材料】約 18 片
烘焙用白巧克力…80g

1 參閱右頁的作法融化白巧克力（溫
度依序是 45℃→ 26℃→ 29℃），
用湯匙舀取巧克力，在比斯考提的
表面畫線，靜置凝固。

〔檸檬大茴香比斯考提〕

◎ 融化巧克力
　的方法

取一小鍋裝水，煮滾後關火，將切碎的巧克力放入調理盆，擺進小鍋內（底部沒泡到熱水沒關係），用耐熱刮刀攪拌使其融化。以溫度計測量，達53℃便可拿起調理盆。

→

調理盆底部泡冷水，用刮刀攪拌降溫至 29℃（請留意別讓調理盆進水）。接著再隔水加熱，加熱的同時一邊攪拌，使溫度上升至 31℃即完成。

將瀝乾水份的優格當作基底
做成酸味爽口的奶油。

鳳梨奶油

【材料】約 20 片
原味優格…200g *
蜂蜜…1 大匙
鳳梨（罐頭）…1+1/2 片
＊靜置一晚瀝乾水分，備妥 100g。

1　將優格、蜂蜜倒入小的調理盆，用湯匙拌合，加入切碎的鳳梨拌勻。

＊放進冰箱冷藏保存，隔日可繼續享用。

〔檸檬比斯考提〕

奶油起司加了檸檬汁與檸檬皮
嚐起來有股起司蛋糕的味道。

檸檬起司奶油

把優格放在鋪了廚房紙巾的網篩內，下方放調理盆，放進冰箱冷藏一晚（6～8 小時）瀝乾水分，使重量變成 100g。

【材料】約 10 片
奶油起司…40g
蜂蜜…1+1/2 小匙
檸檬汁…1 小匙
磨碎的檸檬皮（請使用小顆的
　無蠟檸檬）…1/3 個的量

1　將奶油起司倒入小的調理盆，用湯匙拌至柔滑狀，依序少量加入蜂蜜、檸檬汁混拌，再加檸檬皮。用湯匙舀取，塗抹比斯考提，撒上檸檬皮（份量外）做裝飾。

＊放進冰箱冷藏保存，隔日可繼續享用。

〔香蕉罌粟籽比斯考提〕

成熟滋味、香氣濃郁的奶油。
微苦的咖啡加入大量的蘭姆酒。

咖啡奶油

【材料】約 10 片
奶油起司…50g
糖粉…20g
A｜即溶咖啡粉…1/4 小匙
　｜蘭姆酒…1+1/2 小匙

1　將奶油起司倒入小的調理盆，用湯匙拌至柔滑狀，加糖粉拌合，再少量加入已混合的 A 混拌。

＊放進冰箱冷藏保存，隔日可繼續享用。

〔花生醬比斯考提〕

美味創意變化 ②
配料＆抹醬

撒些砂糖和香料，放進小烤箱烤一烤，
立刻變成口感酥脆、有如麵包脆餅的點心。
抹醬在美國是受歡迎的輕食配料，
當作前菜或下酒菜也很棒。

以蛋白增加黏性，
撒上大量的肉桂糖烘烤即可。

肉桂糖

【材料】約 10 片
A｜肉桂粉…1 小匙
　｜細砂糖…2 小匙
蛋白…1/2 顆的量

1 比斯考提表面刷塗蛋白，撒上已
混合的 A，放進已預熱的小烤箱烤
3 ～ 5 分鐘。

＊也可用預熱至 180℃的烤箱烤 4 分鐘。

〔檸檬比斯考提〕

大茴香籽的清爽感成為提味的亮點。
烤至呈現金黃色，傳出甜甜的香氣即完成。

大茴香糖

【材料】約 10 片
A｜大茴香籽…2 小匙
　｜細砂糖…2 小匙
蛋白…1/2 顆的量

1 比斯考提表面刷塗蛋白，撒上已
混合的 A，放進已預熱的小烤箱烤
3 ～ 5 分鐘。

〔檸檬比斯考提〕

杏仁的清香與起司的醇香
烤過之後變得濃郁。

杏仁＆起司

【材料】約 10 片
A｜杏仁片…2 小匙＊
　｜起司粉…2 小匙
　｜乾燥巴西里…1 小匙
　｜粗磨黑胡椒…1/4 小匙

蛋白…1/2 顆的量

＊用平底鍋小火乾炒，大略切碎。

1 比斯考提表面刷塗蛋白，撒上已
混合的 A，放進已預熱的小烤箱烤
3 ～ 5 分鐘。

〔全麥迷迭香比斯考提〕

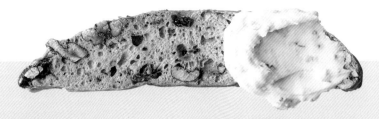

奶油起司與優格的酸味伴隨著
大蒜的濃郁香氣在口中擴散。

蒜香起司抹醬

【材料】約 12 片

奶油起司…50g

原味優格…2 小匙

乾燥巴西里…1/2 小匙

A｜鹽、香蒜粉…各 2 小撮

1 將奶油起司倒入小的調理盆，用
湯匙拌至柔滑狀，依序少量加入
巴西里、優格混拌。最後酌量加 A
調味。

＊放進冰箱冷藏保存，隔日可繼續享用。

〔玉米比斯考提〕

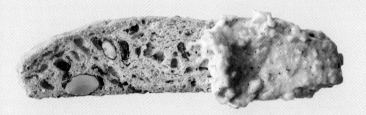

酪梨加上蛋黃醬和檸檬，
濃醇酸香的人氣抹醬。

酪梨抹醬

【材料】約 12 片

酪梨…1 個

蛋黃醬…1 大匙

A｜檸檬汁（或萊姆汁）…1 小匙
　｜鹽、辣椒粉…各 1 小撮

1 酪梨對半縱切，去籽與皮後，放
入調理盆用叉子壓爛，加入蛋黃
醬混拌。最後酌量以 A 調味。

＊包上保鮮膜，放進冰箱冷藏保存，因為會
變色，請當日食用完畢。

〔培根切達起司比斯考提〕

【材料】約 30 片

水煮鷹嘴豆罐頭（瀝乾水分）
　…1 罐（淨重 250g）

白芝麻醬…60g

大蒜…1 瓣

檸檬汁、水…各 35ml

橄欖油…1 大匙

鹽…1/3 小匙

小茴香粉…1/2 小匙

香菜粉…1/4 小匙

1 將所有材料倒入食物調理機打成糊
狀，塗抹在比斯考提上，撒些乾燥
巴西里（份量外）。

＊放進冰箱冷藏保存，隔日可繼續享用。

＊如果吃不完，可用來做三明治或沾蔬菜棒、
蘇打餅乾。

〔蔥花起司比斯考提〕

健康美味的鷹嘴豆泥，
將材料全部放進食物調理機攪拌即完成。

鷹嘴豆泥

夾入冰淇淋,或是掰碎拌入冰淇淋,
將比斯考提變成創意點心。
鹹食的吃法則是放上番茄做成開胃小菜,
酥脆口感讓人一口接一口。

不放進冰箱冷凍,夾好後立刻吃也很美味。
請使用切成薄片的植物油比斯考提。

冰淇淋夾心餅

【材料】3 塊
比斯考提(個人喜愛的口味)…6 片
市售巧克力碎片(或薄荷巧克力)
　　冰淇淋…1 個

1　冰淇淋用湯匙拌軟後,夾入 2 片比
　斯考提,用保鮮膜包好,放進冰箱
　冷凍 1 小時以上,使其定型。

〔咖啡比斯考提〕

把比斯考提切剩的邊端部分
拌入冰淇淋就成了超讚的甜點。

巧酥冰淇淋

【材料】2 人份
比斯考提(個人喜愛的口味)…1 片
市售香草冰淇淋…1 個(200ml)

1　將冰淇淋挖入小的調理盆,用湯匙
　拌軟後,加入用手掰成 1.5cm 塊狀
　的比斯考提混拌,放進冰箱冷凍 1
　小時以上,使其定型。

〔伯爵茶比斯考提〕

用大蒜擦塗烤熱的比斯考提,
搭配清爽的涼拌番茄相當對味。

普切塔

【材料】8 片份
比斯考提(個人喜愛
的口味)…8 片
大蒜…1/2 瓣

A　番茄(大)…1 個*
　橄欖油…1 大匙
　蜂蜜…1 小匙
　鹽、胡椒…各少許

＊去皮與籽,切成 2cm 塊狀。

1　用大蒜的切面塗抹剛烤好的比斯考提表面,
　擺上已拌合的 A,撒些乾燥羅勒(份量外)。

＊也可放藍紋起司與無花果乾,或是塗抹奶油起司,撒
上乾燥羅勒也很好吃。

〔起司杏仁比斯考提〕

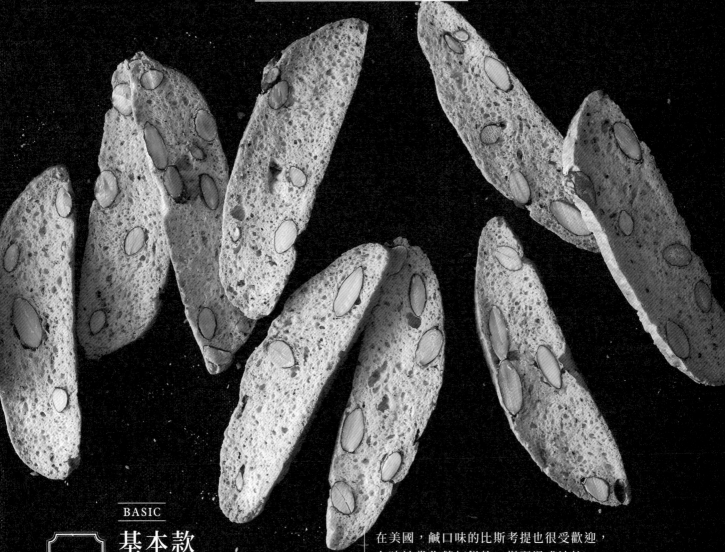

Savory Biscotti

鹹口味比斯考提

作法請參閱第70頁 →

BASIC

1

基本款
無油比斯考提
（起司杏仁）

在美國，鹹口味的比斯考提也很受歡迎，
有時被當作蘇打餅乾，搭配湯或沙拉。
作法基本上和甜口味的比斯考提相同。
切成薄片後烤香，鹹味變得更明顯。
本書未使用鹽，只以起司的鹹味完成調味。

1.

green onion & Parmesan

蔥花起司
比斯考提

鹹口味的比斯考提除了辛香料或起司，
加入有風味的材料，味道會變得濃郁。
如美國鹹口味的烘焙點心就經常運用青蔥。
切成蔥花，方便好處理。

作法請參閱第71頁 →

全麥麵粉與核桃的濃郁芳香，
加上迷迭香具清涼感的香氣。
鹽和胡椒先依照食譜的用量，第2次烘烤時再自行斟酌。
添加極少量的砂糖，能夠引出麵團的美味。

作法請參閱第72頁 →

3.
whole wheat & onion

全麥洋蔥
比斯考提

以略多的油炒出洋蔥的鮮醇，
和烘焙點心非常搭。麵團烤香後，
洋蔥的滋味會釋出，但因為容易烤焦，烘烤時請多留意。
依個人喜好沾奶油起司吃也很對味。

作法請參閱第72頁 →

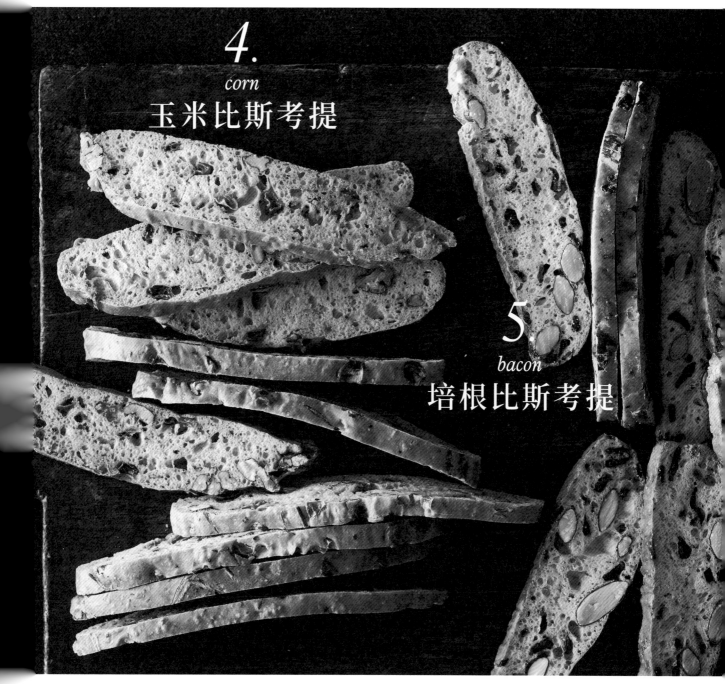

4.
corn
玉米比斯考提

5.
bacon
培根比斯考提

若能取得等量的玉米碎（Cornmeal）
取代全麥麵粉，玉米的風味會更加濃厚豐富。
玉米則建議使用冷凍玉米粒，
並利用迷迭香增添清爽的香氣。

作法請參閱第73頁 →

培根自殖民時代起，便一直是北美人餐桌上的熟面孔。
經常聽到「只要有培根，什麼都會變好吃」的說法，
足見其受喜愛的程度。
將煎過培根的油少量加入麵團，味道也很棒。

作法請參閱第73頁 →

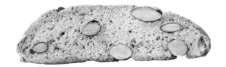

Parmesan & almond

基本款無油比斯考提
（起司杏仁）

【材料】12cm×15 片

A｜低筋麵粉…100g
　｜泡打粉…1/3 小匙

細砂糖…1/2 小匙

粗磨黑胡椒…1/2 小匙

B｜蛋…1 顆
　｜水…1 小匙

磨碎的帕瑪森起司…40g

杏仁果…50g

【事前準備】

• 杏仁用平底鍋小火乾炒。
• 蛋退冰至室溫。
• 烤盤鋪入烤盤布。
• 烤箱預熱至 170℃。

1　將 B 倒入調理盆，用打蛋器攪散。

2　加入混合過篩的 A、砂糖、黑胡椒、起司，用刮板切拌。拌至殘留些許粉粒的狀態，加入杏仁混拌，揉整成團。用手將杏仁塞入麵團，塑整成 12cm 長的條狀。

　＊如果無法成團，請酌量加數滴水。

3　麵團移入烤盤，手沾少許水，將麵團塑整成 12×12cm（1.5cm厚）的平行四邊形，用手壓平表面。放進烤箱以170℃烤約25分鐘，移至冷卻架上放涼。

4　完全放涼後，斜切成8mm寬。切面朝上，排入烤盤，放進預熱至150℃的烤箱烤約20分鐘。烤好後連同烤盤一起放涼。

　＊烘烤過程中若發現烤色變深，請降溫至 140℃。
　＊烤 10 分鐘翻面，使兩面均勻烤透。

memo ---
• 若覺得不夠鹹，加砂糖時，可另加 1 小撮鹽。

帕瑪森起司（右）是義大利具代表性的起司。磨碎後使用，增添鮮香芳醇。也可用起司粉代替。

加入粉類後，用刮板刮起周圍的粉快速切拌，拌至殘留些許粉粒的狀態，加入杏仁繼續混拌。

用刮板壓拌杏仁，再用手將杏仁塞入麵團，塑整成形，移入烤盤。手沾少許水，將麵團塑整成 12×12cm 的平行四邊形，用手指壓平表面（請參閱 P9）。

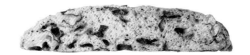

1.
蔥花起司比斯考提

【材料】12cm×15 片

A｜低筋麵粉…100g
　｜泡打粉…1/3 小匙
粗磨黑胡椒…1/2 小匙
B｜蛋…1 顆
　｜水…1 小匙
蔥花…6 根的量
磨碎的帕瑪森起司…40g
核桃…40g

【事前準備】

• 核桃用平底鍋小火乾炒。
• 蛋退冰至室溫。
• 烤盤鋪入烤盤布。
• 烤箱預熱至 170℃。

1　將 B 倒入調理盆，用打蛋器攪散。

2　加入混合過篩的 A、黑胡椒、起司，用刮板切拌。拌至殘留些許粉粒的狀態，加入蔥花、核桃混拌，揉整成團。

3　麵團移入烤盤，手沾少許水，將麵團塑整成12×12cm（1.5cm厚）的平行四邊形，放進烤箱以170℃烤10分鐘，降溫至160℃再烤約15分鐘。

4　完全放涼後，斜切成8mm寬。切面朝上，排入烤盤，放進預熱至140℃的烤箱烤約25分鐘。烤好後連同烤盤一起放涼。

＊因為容易烤焦，請留意烘烤時間。

加入粉類、黑胡椒、起司，用刮板切拌，拌至殘留些許粉粒的狀態，再加蔥花、核桃混拌。

用刮板壓拌核桃時，避免弄碎是美味的關鍵。如果無法成團，請酌量加數滴水。

whole wheat & rosemary

whole wheat & onion

2.

全麥迷迭香比斯考提

【材料】12cm×15 片

A | 全麥低筋麵粉…50g
　| 低筋麵粉…50g
　| 泡打粉…1/3 小匙

B | 鹽…1/4 小匙
　| 細砂糖…1/2 小匙
　| 粗磨黑胡椒…1/2 小匙

C | 蛋…1 顆
　| 水…1 小匙

新鮮迷迭香…1 枝*

核桃…60g

＊也可使用乾燥迷迭香 2 小匙。

【事前準備】

• 核桃用平底鍋小火乾炒。
• 蛋退冰至室溫。
• 烤盤鋪入烤盤布。
• 烤箱預熱至 170℃。

具抗菌、抗氧化作用的迷迭香，常用於肉類料理。與烘焙點心也很搭，清新香氣成為完美點綴。

1 將 C 倒入調理盆，用打蛋器攪散。
2 加入混合過篩的 A，再倒入 B、摘下的迷迭香葉，用刮板切拌。拌至殘留些許粉粒的狀態，加入核桃混拌，揉整成團。
3 麵團移入烤盤，手沾少許水，將麵團塑整成 12×12cm（1.5cm 厚）的平行四邊形，放進烤箱以 170℃烤約 25 分鐘。
4 大致放涼後，斜切成 8mm 寬。切面朝上，排入烤盤，放進預熱至 150℃的烤箱烤約 25 分鐘。烤好後連同烤盤一起放涼。

3.

全麥洋蔥比斯考提

【材料】10cm×15 片

A | 全麥低筋麵粉…50g
　| 低筋麵粉…50g
　| 泡打粉…1/3 小匙

B | 鹽…1/4 小匙
　| 粗磨黑胡椒…1/2 小匙
　| 葛縷子…1/2 小匙

C | 蛋…1 顆
　| 水…1 小匙

洋蔥（小顆／切末）…1/3 個

奶油起司（沾裹用）…適量

【事前準備】

• 平底鍋倒 2 小匙麻油（份量外）加熱，洋蔥末下鍋，炒至軟透，放涼備用〔ⓐ〕。
• 蛋退冰至室溫。
• 烤盤鋪入烤盤布。
• 烤箱預熱至 170℃。

清爽甜香的葛縷子可為蘇打麵包或黑麥麵包、餅乾增添風味。也可搭配德國酸菜等料理。

1 將 C 倒入調理盆，用打蛋器攪散。
2 加入混合過篩的 A，再倒入 B，用刮板切拌。拌至殘留些許粉粒的狀態，加入洋蔥末切拌，揉整成團。
3 麵團移入烤盤，手沾少許水，將麵團塑整成 10×12cm（1.5cm 厚）的平行四邊形，放進烤箱以 170℃烤 10 分鐘，降溫至 160℃再烤約 15 分鐘。

ⓐ

4 大致放涼後，斜切成 8mm 寬。切面朝上，排入烤盤，放進預熱至 140℃的烤箱烤約 25 分鐘。烤好後連同烤盤一起放涼。依個人喜好，搭配奶油起司一起享用。

＊因為容易烤焦，請留意烘烤時間。

corn

4.

玉米比斯考提

【材料】12cm×15 片

A｜低筋麵粉…70g
　｜全麥低筋麵粉…30g
　｜泡打粉…1/3 小匙

B｜鹽 …1/4 小匙
　｜細砂糖…1/2 小匙
　｜粗磨黑胡椒…1/2 小匙

C｜蛋…1 顆
　｜原味優格…15g

冷凍玉米…30g
胡桃或核桃…30g
新鮮迷迭香…1 枝*

＊也可使用乾燥迷迭香 2 小匙。

【事前準備】

• 胡桃用平底鍋小火乾炒。

• 蛋和優格退冰至室溫。

• 烤盤鋪入烤盤布。

• 烤箱預熱至 170℃。

將新鮮玉米粒急速冷凍而成的冷凍玉米，風味接近新鮮玉米。罐頭玉米會讓麵團變濕，不建議使用。

1　將 C 倒入調理盆，用打蛋器拌勻。

2　加入混合過篩的 A，再倒入 B、摘下的迷迭香葉，用刮板切拌。拌至殘留些許粉粒的狀態，加入未退冰的冷凍玉米、胡桃混拌，揉整成團。

3　麵團移入烤盤，手沾少許水，將麵團塑整成12×12cm（1.5cm厚）的平行四邊形，放進烤箱以170℃烤10分鐘，降溫至160℃再烤約15分鐘。

4　大致放涼後，斜切成8mm寬。切面朝上，排入烤盤，放進預熱至140℃的烤箱烤約25分鐘。烤好後連同烤盤一起放涼。

bacon

5.

培根比斯考提

【材料】10cm×18 片

A｜低筋麵粉…100g
　｜泡打粉…1/3 小匙

B｜鹽…1/4 小匙
　｜細砂糖…1/2 小匙
　｜粗磨黑胡椒…1/2 小匙

C｜蛋…1 顆
　｜原味優格…10g

培根（切成 7 ～ 8mm 丁狀）
　…2 片（40g）
杏仁果…50g

【事前準備】

• 培根用平底鍋乾煎至酥脆，放在廚房紙巾上吸油，放涼備用〔ⓐ〕。

• 杏仁用平底鍋小火乾炒。

• 蛋和優格退冰至室溫。

• 烤盤鋪入烤盤布。

• 烤箱預熱至 170℃。

ⓐ

1　將 C 倒入調理盆，用打蛋器拌勻。

2　加入混合過篩的 A，再倒入 B，用刮板切拌。拌至殘留些許粉粒的狀態，加入培根、杏仁混拌，揉整成團。

3　麵團移入烤盤，手沾少許水，將麵團塑整成10×15cm（1.5cm厚）的平行四邊形，放進烤箱以170℃烤約25分鐘。

4　大致放涼後，斜切成8mm寬。切面朝上，排入烤盤，放進預熱至150℃的烤箱烤約20～25分鐘。烤好後連同烤盤一起放涼。

2 基本款 植物油比斯考提
（羅勒香腸）

加了油的比斯考提，口感酥鬆輕盈，
醇濃風味令人意猶未盡。
香腸若太大塊不易烤乾，
要記得切碎後再拌入麵團。
烤至乾脆，帶出香腸的鮮美。

作法請參閱第80頁 →

1.

black olive

橄欖比斯考提

把滋味鮮醇的黑橄欖整顆加入麵團，
讓人期待切片後的樣子。或是不保留橄欖的形狀，
切碎再拌入麵團也很美味。
濕潤的橄欖與堅果的口感差異相當有趣。

作法請參閱第80頁 →

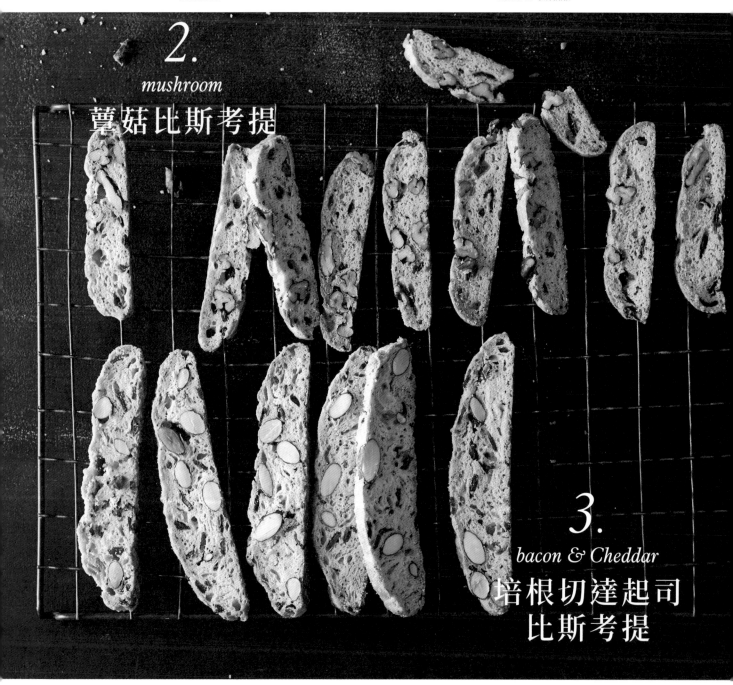

2.
mushroom
蕈菇比斯考提

3.
bacon & Cheddar
培根切達起司
比斯考提

散發起司與堅果香的比斯考提，
再以炒過的舞菇增添風味。
也可用蘑菇取代。
充分烘烤，引出菇類的鮮味。

作法請參閱第81頁 →

奶油與粉類混拌而成的麵團，
加入濃郁的切達起司和培根。
這是本書中滋味最濃厚的比斯考提，
搭配啤酒很對味。

作法請參閱第81頁 →

芝麻比斯考提

大量使用白芝麻醬和熟芝麻粒，
深厚醇香的比斯考提。
淡淡的甜味，介於點心與下酒菜之間的味道。
以蛋白增加黏性，讓白芝麻均勻分佈。

作法請參閱第82頁 →

5.

Gorgonzola & dried fig

藍紋起司無花果
比斯考提

戈貢佐拉起司（Gorgonzola）以撲鼻香氣與酸味為魅力，
這裡搭配上與之很對味的無花果乾及核桃。
成熟的滋味很適合配蘋果酒或葡萄酒。
藍紋起司撕成大塊再加入麵團是製作時的重點。

作法請參閱第82頁 →

6.

curry & mayonnaise

咖哩蛋黃醬
比斯考提

7.

green onion & sesame seed

蔥花白芝麻
比斯考提

蛋黃醬在美國會用來取代蛋或油脂，
作為製作蛋糕或餅乾的材料，
能打造出溫潤風味，且不殘留香氣。
搭配上一顆顆的堅果，形成了絕佳口感。

作法請參閱第83頁 →

用蛋黃醬取代蛋做成的麵團，
再以蔥和芝麻增添香氣。
因為容易烤焦，請低溫慢烤。
沾抹醬吃也很棒。

作法請參閱第83頁 →

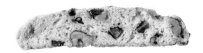

sausage & dried basil

black olive

2 基本款植物油比斯考提
（香腸羅勒）

1.
橄欖比斯考提

【材料】10cm×18 片

A｜低筋麵粉…100g　　德式香腸…3 條（50g）
　｜泡打粉…1/3 小匙　乾燥羅勒…2 小匙
　鹽…1 小撮　　　　　核桃…20g
　細砂糖…1/2 小匙
B｜蛋…1 顆
　｜橄欖油…20g
　｜水…1 小匙

【事前準備】

• 德式香腸用熱水汆燙後切碎
　〔ⓐ〕。
• 核桃用平底鍋小火乾炒，大略
　切碎。
• 蛋退冰至室溫。
• 烤盤鋪入烤盤布。
• 烤箱預熱至 170℃。

ⓐ

1　將 B 倒入調理盆，用打蛋器拌勻。
2　加入混合過篩的 A、鹽、砂糖、乾燥羅勒，用刮
　　板切拌。拌至殘留些許粉粒的狀態，加入香腸、
　　核桃混拌，揉整成團。

　　＊如果無法成團，請酌量加數滴水。

3　麵團移入烤盤，手沾少許水，將麵團塑整成
　　10×15cm（1.5cm 厚）的平行四邊形，放進烤箱
　　以 170℃烤約 25 分鐘。
4　大致放涼後，斜切成 8mm 寬。切面朝上，排入烤
　　盤，放進預熱至 150℃的烤箱烤約 25 分鐘。烤好
　　後連同烤盤一起放涼。

【材料】12cm×15 片

A｜低筋麵粉…100g　　黑橄欖（去籽，擦乾水分）
　｜泡打粉…1/3 小匙　　…40g
　鹽…1 小撮　　　　　腰果…20g
　粗磨黑胡椒…1/2 小匙
B｜蛋…1 顆
　｜橄欖油…20g
　｜水…1 小匙

【事前準備】

• 腰果用平底鍋小火乾炒，大略切碎。
• 蛋退冰至室溫。
• 烤盤鋪入烤盤布。
• 烤箱預熱至 170℃。

1　將 B 倒入調理盆，用打蛋器拌勻。
2　加入混合過篩的 A、鹽、黑胡椒，
　　用刮板切拌。拌至殘留些許粉粒的
　　狀態，加入黑橄欖、腰果混拌，揉
　　整成團。
3　麵團移入烤盤，手沾少許水，將麵
　　團塑整成 12×12cm（1.5cm 厚）
　　的平行四邊形，放進烤箱以 170℃
　　烤約 25 分鐘。
4　大致放涼後，斜切成 8mm 寬。切
　　面朝上，排入烤盤，放進預熱至
　　150℃的烤箱烤約 25 分鐘。烤好後
　　連同烤盤一起放涼。

橄欖主要生長於臨地
中海的國家，常用來
當作披薩或沙拉的材
料，相當受歡迎。加
入麵包或烘焙點心，
一樣能提升美味。

2.

蕈菇比斯考提

【材料】 8cm×22 片

A | 全麥低筋麵粉…50g 　 舞菇（切粗末）…1/2 袋（50g）
低筋麵粉…50g 　 　 大蒜（切末）…1/3 瓣
泡打粉…1/3 小匙 　 磨碎的帕瑪森起司…40g
粗磨黑胡椒…1/2 小匙 　 胡桃或核桃…30g

B | 蛋…1 顆
橄欖油…20g
原味優格…15g

【事前準備】

• 平底鍋內倒 1 小匙橄欖油（份量外）、蒜末加熱，舞菇下鍋炒至軟透，放涼備用〔ⓐ〕。

• 胡桃用平底鍋小火乾炒。
• 蛋和優格退冰至室溫。
• 烤盤鋪入烤盤布。
• 烤箱預熱至 170℃。

1 將 B 倒入調理盆，用打蛋器拌勻。

2 加入混合過篩的 A、黑胡椒、起司，用刮板切拌。拌至殘留些許粉粒的狀態，加入胡桃混拌，揉整成團。

3 麵團移入烤盤，手沾少許水，將麵團塑整成 8×18cm（1.5cm 厚）的平行四邊形，放進烤箱以 170℃烤約 25 分鐘。

4 完全放涼後，斜切成 8mm 寬。切面朝上，排入烤盤，放進預熱至 150℃的烤箱烤約 25 分鐘。烤好後連同烤盤一起放涼。

3.

培根切達起司比斯考提

【材料】 12cm×18 片

A | 低筋麵粉…120g 　 培根（切成 7～8mm 丁狀）
小蘇打粉…1/4 小匙 　 …2 片（40g）
鹽…1/4 小匙 　 磨碎的切達起司…30g
粗磨黑胡椒…1/2 小匙 　 杏仁果…50g
無鹽奶油…35g

B | 蛋…1 顆
原味優格…15g

來自英國的切達起司，在美國也是廣受大眾喜愛的起司之一。本書使用的是橘色的紅切達起司（Red cheddar）。

【事前準備】

• 培根用平底鍋乾煎至酥脆，放在廚房紙巾上吸油，放涼備用。

• 杏仁用平底鍋小火乾炒。

• 奶油切成 1cm 塊狀，和蛋、優格一起冷藏備用。

• 烤盤鋪入烤盤布。

• 烤箱預熱至 170℃。

1 將混合過篩的 A、鹽、黑胡椒倒入調理盆，用刮板切拌。再放入奶油仔細切拌〔ⓐ〕，用雙手搓拌成細沙狀。

2 依序加入培根和起司、已拌勻的 B，用刮板切拌，拌至殘留些許粉粒的狀態，加入杏仁混拌，揉整成團。

3 麵團移入烤盤，手沾少許水，將麵團塑整成 12×15cm（1.5cm 厚）的平行四邊形，放進烤箱以 170℃烤約 25 分鐘。

4 大致放涼後，斜切成 8mm 寬。切面朝上，排入烤盤，放進預熱至 150℃的烤箱烤約 25 分鐘。烤好後連同烤盤一起放涼。

sesame seed

Gorgonzola & dried fig

4.

芝麻比斯考提

【材料】8cm×18 片

A｜低筋麵粉…80g
　｜泡打粉…1/4 小匙
鹽…1 小撮
二砂…20g
B｜蛋…1 顆
　｜白芝麻醬…70g
　｜植物油…1 小匙 *
熟白芝麻粒…20g

＊也可使用花生油。

〖配料〗
蛋白…1 顆的量
C｜熟白芝麻粒…2 大匙
　｜二砂…1 小匙

ⓐ

【事前準備】
• 蛋退冰至室溫。
• 烤盤鋪入烤盤布。
• 烤箱預熱至 170℃。

1　將 B 倒入調理盆，用打蛋器拌勻。
2　加入混合過篩的 A、鹽、砂糖、白芝麻粒，用刮板切拌。拌至無粉粒的狀態，揉整成團。
3　放在保鮮膜上，塑整成 18cm 長的條狀，表面均勻刷塗蛋白，撒上已混合的 C〔ⓐ〕均勻沾裹。再塑整成 8×18cm（1.5cm 厚）的平行四邊形，移入烤盤，放進烤箱以 170℃烤 10 分鐘，降溫至 160℃再烤約 15 分鐘。
4　大致放涼後，斜切成 1cm 寬。切面朝上，排入烤盤，放進預熱至 140℃的烤箱烤約 25 分鐘。烤好後連同烤盤一起放涼。

5.

藍紋起司無花果比斯考提

【材料】14cm×18 片

A｜全麥低筋麵粉…50g
　｜低筋麵粉…50g
　｜泡打粉…1/3 小匙
二砂…10g
B｜蛋…1 顆
　｜植物油…10g *
藍紋起司…35g
半乾無花果乾…35g
核桃…35g

＊建議使用椰子油（請參閱 P33）。

本書使用的藍紋起司是以青黴菌促進熟成的義大利戈貢佐拉起司。特色是強烈的風味與濃郁的鹹味。和果乾很對味，也很適合佐酒。

【事前準備】
• 核桃用平底鍋小火乾炒，和無花果乾一起切碎（也可用食物調理機攪碎）。
• 蛋退冰至室溫。
• 烤盤鋪入烤盤布。
• 烤箱預熱至 160℃。

1　將 B 倒入調理盆，用打蛋器拌勻。
2　加入混合過篩的 A、砂糖，用刮板切拌。拌至無粉粒的狀態，再加入用手撕碎的起司、無花果乾、核桃切拌，揉整成團。
3　麵團移入烤盤，手沾少許水，將麵團塑整成 14×15cm（1.2cm 厚）的平行四邊形，放進烤箱以 160℃烤約 25 分鐘。
4　大致放涼後，斜切成 8mm 寬。切面朝上，排入烤盤，放進預熱至 140℃的烤箱烤約 25 ～ 30 分鐘。烤好後連同烤盤一起放涼。

curry & mayonnaise

6.

咖哩蛋黃醬比斯考提

【材料】5cm×25 片

A｜低筋麵粉…80g
　｜玉米粉…20g
　｜咖哩粉…1/2 小匙
　｜泡打粉…1/3 小匙
鹽…1/4 小匙
細砂糖…1/2 小匙
B｜牛奶…40g
　｜蛋黃醬…30g
夏威夷豆或核桃、杏仁…50g

【事前準備】
• 夏威夷豆用平底鍋小火乾炒，大略切碎。
• 烤盤鋪入烤盤布。
• 烤箱預熱至 170℃。

ⓐ

1　將 B 倒入調理盆，用打蛋器拌勻〔ⓐ〕。
2　加入混合過篩的 A、鹽、砂糖，用刮板切拌。拌至殘留些許粉粒的狀態，加入夏威夷豆切拌，揉整成團。
3　麵團移入烤盤，手沾少許水，將麵團塑整成 5×20cm（1.8cm厚）的長橢圓形狀，放進烤箱以 170℃烤約25分鐘。
4　大致放涼後，切成8mm寬。切面朝上，排入烤盤，放進預熱至150℃的烤箱烤約25分鐘。烤好後連同烤盤一起放涼。

green onion & sesame seed

7.

蔥花白芝麻比斯考提

【材料】5cm×25 片

A｜低筋麵粉…80g
　｜玉米粉…20g
　｜泡打粉…1/3 小匙
B｜牛奶…40g
　｜蛋黃醬…30g
　｜芥末籽醬…10g
蔥花…6 根的量
熟白芝麻粒…20g
磨碎的帕瑪森起司…10g
蒜香起司抹醬（沾裹用／請參閱 P63）…適量

【事前準備】
• 烤盤鋪入烤盤布。
• 烤箱預熱至 170℃。

1　將 B 倒入調理盆，用打蛋器拌勻。
2　加入混合過篩的 A、白芝麻粒、起司，用刮板切拌。拌至殘留些許粉粒的狀態，加入蔥花切拌，揉整成團。
3　麵團移入烤盤，手沾少許水，將麵團塑整成 5×20cm（1.8cm 厚）的長橢圓狀，放進烤箱以 170℃烤 10 分鐘，降溫至 160℃再烤約 15 分鐘。
4　大致放涼後，切成 8mm 寬。切面朝上，排入烤盤，放進預熱至 140℃的烤箱烤約 25 分鐘。烤好後連同烤盤一起放涼。依個人喜好，搭配蒜香起司抹醬一起享用。

3 基本款
無蛋比斯考提
（巴西里核桃）

這款無蛋的比斯考提使用優格增加黏性、
以少量玉米粉創造輕盈口感，
並加大量的乾燥巴西里增添風味。
完全烤乾需要一段時間，請慢慢烘烤。
沾抹醬吃或做成普切塔都很美味。

作法請參閱第86頁 →

用牛奶和起司增加黏性，
以葛縷子（藏茴香）提味。
加入少許的杏仁粉後，
烤色金黃，口感輕酥。

作法請參閱第87頁 →

無蛋麵團味道較清淡，
加上炒過的洋蔥、香濃的麻油使味道變得醇香。
每一片吃進嘴裡都能感受到脆口的堅果，
以及辛香十足的黑胡椒。

作法請參閱第87頁 →

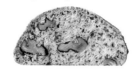

dried parsley & walnut

3 基本款無蛋比斯考提
（巴西里核桃）

【材料】7cm×18 片

A｜低筋麵粉…90g
　｜玉米粉…30g
　｜小蘇打粉…1/4 小匙

鹽…1/3 小匙

細砂糖…1/2 小匙

粗磨黑胡椒…2/3 小匙

B｜原味優格…40g
　｜牛奶…40g

乾燥巴西里…2 小匙

核桃…50g

【事前準備】

• 核桃用平底鍋小火乾炒，用手掰成兩半。
• 優格和牛奶退冰至室溫。
• 烤盤鋪入烤盤布。
• 烤箱預熱至 170℃。

1　將 B 倒入調理盆，用打蛋器拌勻〔ⓐ〕。

2　加入混合過篩的 A、鹽、砂糖、黑胡椒、巴西里，用刮板切拌混合〔ⓑ〕。拌至殘留些許粉粒的狀態，加入核桃混拌成團（不要弄碎核桃），塑整成 15cm 長的條狀。

＊如果無法成團，請酌量加數滴牛奶。

3　麵團移入烤盤，手沾少許水，將麵團塑整成 7×15cm（2cm厚）的長橢圓狀〔ⓒ〕，用手壓平表面。放進烤箱以170℃烤約25分鐘，移至冷卻架上放涼。

4　大致放涼後，切成8mm寬〔ⓓ〕。切面朝上，排入烤盤，放進預熱至150℃的烤箱烤約25分鐘。烤好後連同烤盤一起放涼。

ⓐ

ⓑ

ⓒ

ⓓ

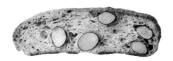

Parmesan & caraway seed

1.

起司葛縷子比斯考提

【材料】7cm×18 片

A｜低筋麵粉…50g
　｜杏仁粉…20g
　｜泡打粉…1/4 小匙

B｜牛奶…70g
　｜磨碎的帕瑪森起司…50g

葛縷子…1/2 小匙
杏仁果…40g

【事前準備】
- 杏仁粉和杏仁分別用平底鍋小火乾炒，放涼。
- 牛奶冷藏備用。
- 烤盤鋪入烤盤布。
- 烤箱預熱至 170℃。

1 將 B 倒入調理盆，用打蛋器拌勻。
2 加入混合過篩的 A、葛縷子，用刮板切拌。拌至殘留些許粉粒的狀態，加入杏仁混拌，揉整成團。
3 麵團移入烤盤，手沾少許水，將麵團塑整成 7×15cm（1.5cm 厚）的平行四邊形，放進烤箱以 170℃烤 10 分鐘，降溫至 160℃再烤約 15 分鐘。
4 完全放涼後，斜切成 8mm 寬。切面朝上，排入烤盤，放進預熱至 150℃的烤箱烤 10 分鐘，降溫至 140℃再烤約 10 分鐘。烤好後連同烤盤一起放涼。

onion

2.

洋蔥比斯考提

【材料】10cm×18 片

A｜低筋麵粉…90g　　洋蔥（小顆／切末）
　｜玉米粉…30g　　　　…1/3 個
　｜小蘇打粉…1/4 小匙　腰果或夏威夷豆…40g

鹽…1/3 小匙
粗磨黑胡椒…2/3 小匙

B｜原味優格…40g
　｜牛奶…40g
　｜麻油…20g

【事前準備】
- 平底鍋內倒 2 小匙麻油（份量外）加熱，洋蔥末下鍋炒至軟透，放涼。
- 腰果用平底鍋小火乾炒，大略切碎。
- 優格和牛奶退冰至室溫。
- 烤盤鋪入烤盤布。
- 烤箱預熱至 170℃。

1 將 B 倒入調理盆，用打蛋器拌勻。
2 加入混合過篩的 A、鹽、黑胡椒，用刮板切拌。拌至殘留些許粉粒的狀態，依序加入腰果、洋蔥末混拌，揉整成團。
3 麵團移入烤盤，手沾少許水，將麵團塑整成 10×15cm（1.5cm 厚）的平行四邊形，放進烤箱以 170℃烤 10 分鐘，降溫至 160℃再烤約 15 分鐘。
4 大致放涼後，斜切成 8mm 寬。切面朝上，排入烤盤，放進預熱至 140℃的烤箱烤約 25 分鐘。烤好後連同烤盤一起放涼。

VF0109

無油／無蛋／無麩質／植物油

愛上比斯考提

從義式經典到美式創意口味，會攪拌就會做！
配茶、下酒、沾咖啡，45 款甜 & 鹹百變脆餅配方

原　書　名／おやつ＆おつまみビスコッティ
作　　　者／原 亞樹子
譯　　　者／連雪雅

總　編　輯／王秀婷
責 任 編 輯／張成慧
版　　　權／張成慧
行 銷 業 務／黃明雪

發　行　人／凃玉雲
出　　　版／積木文化
　　　　　104台北市民生東路二段141號5樓
　　　　　電話：(02) 2500-7696　　傳真：(02) 2500-1953
　　　　　官方部落格：www.cubepress.com.tw
　　　　　讀者服務信箱：service_cube@hmg.com.tw

發　　　行／英屬蓋曼群島商家庭傳媒股份有限公司城邦分公司
　　　　　台北市民生東路二段141號5樓
　　　　　讀者服務專線：(02)25007718-9　24小時傳真專線：(02)25001990-1
　　　　　服務時間：週一至週五上午09:30-12:00、下午13:30-17:00
　　　　　郵撥：19863813　　戶名：書虫股份有限公司
　　　　　網站：城邦讀書花園　網址：www.cite.com.tw

香港發行所／城邦（香港）出版集團有限公司
　　　　　香港灣仔駱克道193號東超商業中心1樓
　　　　　電話：852-25086231　　傳真：852-25789337
　　　　　電子信箱：hkcite@biznetvigator.com

馬新發行所／城邦（馬新）出版集團 Cite (M) Sdn Bhd
　　　　　41, Jalan Radin Anum, Bandar Baru Sri Petaling,
　　　　　57000 Kuala Lumpur, Malaysia.
　　　　　電話：603-90578822　　傳真：603-90576622
　　　　　email: cite@cite.com.my

美 術 設 計／曲文瑩
製 版 印 刷／上晴彩色印刷製版有限公司
　　　　　東海印刷事業股份有限公司

城邦讀書花園
www.cite.com.tw

Printed in Taiwan.

OYATSU&OTSUMAMI BISCOTTI by HARA AKIKO
©HARA AKIKO 2018
Originally published in Japan by SHUFU-TO-SEIKATSU SHA LTD., Tokyo
Traditional Chinese translation rights arranged with SHUFU-TO-SEIKATSU SHA LTD., Tokyo.
through AMANN CO., LTD., Taipei.

國家圖書館出版品預行編目（CIP）資料

愛上比斯考提 / 原亞樹子著；連雪
雅譯. -- 初版. -- 臺北市：積木文
化出版：家庭傳媒城邦分公司發行，
2019.05
88面；21×20公分
譯自：おやつ＆おつまみビスコッティ
ISBN 978-986-459-184-8（平裝）

1.點心食譜 2.餅 3.義大利

427.16　　　　　　108007477

日文原書製作人員
設計／高橋 良（chorus）
攝影／福尾美雪
造型／池水陽子
調理助理／青木昌美、北村惠理

採訪／中山み登り
校對／滄流社
編輯／足立昭子

◎富澤商店TOMIZ
＊材料提供 tomiz.com
以烘焙材料為主，商品種類豐富的食材專賣店。
除了網路商店，在日本各地及台灣皆有直營店。

參考資料
● Andrew F. Smith. *The Oxford Companion to
American Food and Drink.* Oxford Univ Pr on
Demand, 2009. P33-35, P421, P441-442

2019年5月30日 初版一刷
售價／380元　ISBN 978-986-459-184-8
版權所有·翻印必究